健康茶饮

400问

● 索扬 —— 主编

中国农业出版社

图书在版编目（CIP）数据

健康茶饮400问/索扬主编． — 北京：中国农业出
版社，2016.10（2022.3重印）
ISBN 978-7-109-22215-1

Ⅰ．①健… Ⅱ．①索… Ⅲ．①茶饮料－问题解答
Ⅳ．①TS275.2-44

中国版本图书馆CIP数据核字（2016）第240822号

健康茶饮400问

JIANKANG CHAYIN 400WEN

中国农业出版社出版
地址：北京市朝阳区麦子店街18号楼
邮编：100125
责任编辑：李　梅
版式设计：水长流文化　　责任校对：吴丽婷
印刷：北京中科印刷有限公司
版次：2017年1月第1版
印次：2022年3月北京第5次印刷
发行：新华书店北京发行所
开本：710mm×1000mm　1/16
印张：10
字数：200千字
定价：39.90元

红茶、绿茶、乌龙茶，嘉木香茗轻身健体，

花茶、草茶、果粒茶，汉方花草滋养身心。

摄取草木精华，尽享健康生活。

茶叶的 主要成分 和健康作用

茶叶的有益成分

茶叶的健康作用

饮茶的时令和禁忌

少数民族的健康茶饮

简便健康茶食

非茶之茶

药草茶

花草茶

其他特色健康茶

常用小茶方

| 肝肾调理茶饮

肠胃调理茶饮

三高调理茶饮

养颜瘦身茶饮

女性调理茶饮

茶叶的 主要成分 和健康作用

茶叶中含有300多种化学成分，

其已知的化学成分，

大部分与人体的健康和药物的有效成分相关。

喝茶有益于身体健康，

所以在很多地区都有"宁可三日无饭，不可一日无茶"的说法。

茶叶的有益成分

001 茶叶中对健康有益的成分主要有哪些

茶叶的主要成分有茶多酚（多酚类化合物）、生物碱、糖类、氨基酸、蛋白质、果胶质、粗纤维、脂肪、色素、氧化酶、芳香成分、维生素以及对人体有益的其他微量元素。

002 茶多酚对健康有哪些益处

茶多酚是茶叶中酚类物质及其衍生物的总称，并不是一种物质，因此常被称为多酚类化合物，其含量因品种、自然条件、季节和地理环境的不同而各异。茶多酚是茶叶中主要的活性成分，也称茶单宁，主要存在于茶芽上，对茶叶品质的影响最显著。茶多酚具有很强的抗氧化性和生理活性，有阻断脂质过氧化反应、清除有害自由基的作用，是茶叶保健的主要成分。

茶多酚能阻断亚硝酸铵等多种致癌物质在体内合成，有助于防癌抗癌。能防止因放射性照射而引起的白细胞减少症；抗血小板凝集和抗血栓；减低血液黏稠度，有助于预防心血管疾病、动脉粥样硬化；能杀灭多种对人体有害的细菌；抗过敏；能美容护肤，抗皮肤老化、抗辐射，减轻日光中的紫外线对皮肤的损伤等。

003 茶多酚中的核心成分儿茶素有什么作用

茶多酚中最核心的成分是儿茶素，儿茶素中有一种物质叫EGCG。现代科学证实，茶的抗氧化功效主要由EGCG发挥作用。EGCG的抗氧化活性非常强，至少是维生素C的100多倍，是维生素E的25倍。儿茶素不但能抗癌，还能延长人的寿命。

科学研究表明，跟其他典型的抗氧化饮食，如水果、饮料比较，绿茶的优势更胜一筹。EGCG是绿茶中最有效的抗氧化多酚，也是绿茶中儿茶素中含量最高的成分，占茶叶干重的9%~13%，EGCG具有抗氧化、抗癌、抗突变等活性。

004 茶中的生物碱有什么作用

茶中的生物碱包括咖啡因、可可碱以及少量的茶碱，它们都是弱碱性生物碱，作用相似。

其中咖啡因占的比例最大，是影响茶叶品质的主要因素，它能促使人体中枢神经兴奋，增强大脑皮质的兴奋过程，起到提神益思、清心的效果；能刺激肾脏，促使尿液迅速排出体外，提高肾脏的滤出率，减少有害物质在肾脏中滞留的时间；还可刺激胃液的分泌，从而促进消化，尤其是促进含蛋白质类食物的消化，消脂减肥；还可排除尿液中的过量乳酸，有助于使人体尽快消除疲劳。咖啡因在冲泡茶汤中能溶解约80%。

此外，咖啡因与酸类及其氧化产物结合，既能减轻茶的苦涩味，使其滋味更加醇和，还能减轻其本身的刺激作用。茶汤中与其他成分混合的咖啡因与单纯成分的咖啡因是有区别的，前者浓度较低，且与其他成分相互制约，更加安全，在提神、抗疲劳、利尿、解毒等方面做出主要贡献。

005 茶中的糖类有什么作用

茶中的糖类包括单糖、寡糖、多糖及少量其他糖类，是茶水中的主要甜味成分。茶中的糖类物质具有增强免疫能力、抗辐射、抗凝血、利尿等作用。

006 茶中的茶多糖有什么作用

茶多糖是茶叶中具有生物活性的多糖复合物，是一种酸性糖蛋白，并结合有大量的矿物质元素，具有降血糖、降血脂、增强免疫力、降血压、减慢心率、抗凝血、抗血栓和耐缺氧等作用。茶多糖主要为水溶性多糖，易溶于热水，具有明显的降糖效果，对治疗糖尿病有一定功效。研究表明，茶叶越粗老治疗糖尿病的效果越好，有效率可达70%，在临床上应用树龄70年以上的老茶树树叶治疗糖尿病，疗效明显。

007 茶中的氨基酸有什么作用

茶中的氨基酸令茶水有鲜爽的口感，可振奋精神、抗疲劳，适于辅助性调理心脏性或支气管性狭心症、冠状动脉循环不足和心脏性水肿等症状，而且具有松弛神经的作用，能使大脑处于最佳的思考状态。

008 茶中的蛋白质有什么作用

蛋白质具有补充氨基酸、维持氮的平衡的作用，蛋白质是构成生物体的基本物质，没有蛋白质，生命就不存在。

009 茶中的有机酸有什么作用

茶中含有很多酸类物质，以有机酸最多，如蛋白质的氨基酸、维生素类的抗坏血酸、草酸、苹果酸等。茶汤呈弱酸性，茶中的有机酸可与生物碱，如吗啡、尼古丁中和成盐类，随尿排出。因此，多喝茶对吸烟的人有好处。脂肪酸对杀除真菌有效用。

010 茶中的维生素有什么作用

维生素是机体维持正常代谢功能所必需的一类物质。茶中含水溶性和脂溶性维生素十多种。

茶中的维生素C和维生素E与多酚类化合物共同作用，可以缓解和阻断自由基形成稳定物质，抑制脂质过氧化并清除自由基，以延缓衰老；茶中的维生素B_1、维生素B_2和转化而成的维生素A能保护人的视神经和视网膜的正常功能，养眼明目；茶中的维生素C可以预防和调理坏血症，因此茶成为蔬果短缺地区必备的饮品。

011 茶叶中有哪些色素

茶叶中的色素包括脂溶性色素和水溶性色素两部分。脂溶性色素不溶于水，有叶绿素、叶黄素及类胡萝卜素等。水溶性色素有黄酮类物质、花青素及茶多酚氧化产物茶黄素、茶褐素等。

012 茶中的色素有什么作用

茶叶中的叶绿素有杀菌、抑制溃疡的消炎作用，可调理慢性骨髓炎和慢性溃疡，皮肤外伤、烧伤，促进组织再生等。茶叶中的胡萝卜素是组成茶叶香味的色素之一。茶叶中的β-胡萝卜素能转变为维生素A，能维持上皮组织正常功能并对视网膜有益。

013 茶叶中含有哪些对人体有益的微量元素

茶叶中含有人体必需的常量元素，诸如钠、镁、磷、钾、钙等；以及对人体有重要作用的微量元素，如硅、钒、铬、锰、铁、钴、砷、硒、氟、钼、锶、铷、硼等。

014 影响茶叶味道的物质有哪些

茶叶中主要呈味成分有：涩味物质、苦味物质、鲜爽味物质、甜味物质、酸味物质。

多酚类具有苦涩味，有收敛性，对茶汤水色及滋味的影响大；构成茶叶苦味的成分主要有咖啡因，它是形成茶汤滋味的主要因素；茶的鲜爽味物质主要有氨基酸；甜味不是茶汤的主味，但甜味能在一定程度上削弱茶的苦涩味，茶叶中具有甜味的物质很多，如醇类、糖类及其衍生物等；茶叶中带酸味的物质主要有部分氨基酸、有机酸等。

茶叶的健康作用

015 为什么说饮茶"百益而无一害"

科学研究表明，茶叶含有与人体健康密切相关的生化成分。茶叶的药理功效是其他饮料无可替代的。茶叶具有药理作用的主要成分有茶多酚、咖啡因等，主要有以下十大功效：延缓衰老、抑制心血管疾病、防癌抗癌、预防和缓解辐射伤害、抑制和抵抗病原菌、美容护肤、提神醒脑、利尿解乏、降脂助消化、护齿明目。茶叶除了有以上功效外，还能生津止渴、增强免疫力、抗过敏、抑菌解毒、消口臭、降压、降糖等。

016 如何理解"茶是万病之药"

《神农本草》中记述：神农尝百草，日遇七十二毒，得茶而解之。神农尝百草的传说，说明茶的发现与利用已有四、五千年历史，人们以茶为药，发现了茶的药用功能。人们把茶称为"万病之药"，并非是说茶能直接治好人的每一种疾病，而是从传统中医学的原理去归纳总结茶的医疗保健功效，认为长期饮茶可使人元气旺盛，百病自然难侵，有病自然易愈。

017 茶为什么能消炎杀菌

茶叶中的茶多酚有很强的收敛作用，对病原菌、病毒有一定的抑制和杀灭作用，能消炎止泻。

018 茶为什么能延缓衰老

茶叶中的茶多酚具有很强的抗氧化性，是人体自由基的清除剂。据日本实验证实，茶多酚的抗衰老效果要比维生素E强18倍。

019 茶为什么能补充维生素

茶叶中含有水溶性和脂溶性维生素十多种，如维生素K有促进凝血的功效，维生素B_1、B_2在绿茶、红茶中含量很多，绿茶中的维生素C含量最为丰富，近年来日本、韩国等国家流行喝绿茶，就是为了摄取维生素C。

020 茶为什么能提神

茶叶中的咖啡因能促使人体中枢神经兴奋，使思维活动更为迅速清晰，还能消除睡意、消除肌肉的疲劳，从而提高工作和学习效率。

021 茶为什么能美容

茶叶中的茶多酚是水溶性物质，用它洗脸能清除面部的油腻，收敛毛孔，具有消毒、灭菌、抗皮肤老化、减少日光中的紫外线辐射对皮肤的损伤等功效。

022 茶为什么能降脂减肥

唐代《本草拾遗》中认为，茶"久食令人瘦"。因为茶叶中的咖啡因能提高胃液的分泌量，可以帮助消化，增强分解脂肪的能力，有助于"减肥"。

023 茶为什么能预防心血管疾病

茶多酚对人体脂肪代谢有着重要作用，人体的胆固醇、甘油三酯等含量高，会使血管内壁脂肪沉积，血管平滑肌细胞增生后形成动脉粥样化斑块等心血管疾病，茶多酚可抑制这种斑状增长，使形成血凝黏度增强的纤维蛋白原降低，凝血变清，从而抑制动脉粥样硬化。

024 茶为什么能清新口气、防龋齿

导致龋齿发生的原因之一是变形链球菌和乳酸杆菌依靠唾液糖蛋白牢固地贴附在牙面上，形成一种稠密、不定型、非钙化的团块——牙菌斑，使菌斑下方的牙釉质脱钙，形成龋齿。而茶叶中所含的鞣质、有机酸和多酚类物质有抑菌作用，可防止牙菌斑的产生。同时茶叶中含氟量较高，每100克干茶中含氟量为10~15毫克，且80%为水溶性成分。氟离子与牙齿的钙质有很大的亲和力，能变成一种较难溶于酸的"氪磷灰石"，像给牙齿加上一个保护层，提高了牙齿的防酸抗龋能力。如喝茶时先含茶水数分钟再喝下，效果更佳。

025 茶为什么能防癌抗癌

茶多酚可以阻断亚硝酸铵等多种致癌物质在体内合成，并具有直接杀伤癌细胞和提高机体免疫能力的功效。

026 茶为什么能防辐射

据有关医疗部门临床试验证实，茶多酚及其氧化产物能缓解肿瘤患者在放射治疗过程中出现的轻度放射病，用茶叶提取物进行治疗上述放射病，有效率可达90%以上；对血细胞减少症，茶叶提取物治疗的有效率达81.7%；此外，茶叶提取物对因放射辐射而引起的白细胞减少症有疗效。

027 茶为什么能利尿解乏

茶叶中的咖啡因有利尿作用，可排除人体血液中的过量乳酸，有助于消除疲劳。但饮过量茶和浓茶，会加重肾脏的负担，使体内水分过少，易引起便秘。茶的利尿效果与同量的水比较，茶的利尿效果高1.55倍，而且氨化物的排出量多2.5倍。

028 茶为什么能治疗肠道疾病

现代医学研究证实，茶是肠道疾病的良药。茶中的多酚类物质，能使蛋白质凝固沉淀。茶多酚与单细胞细菌结合，能凝固蛋白质，将细菌杀死。如把危害严重的霍乱菌、伤寒杆菌、大肠杆菌等，放在浓茶汤中浸泡几分钟，它们多数会失去活动能力。因此，中医和民间常用浓茶或以绿茶研末服之，治疗细菌性痢疾、肠炎等肠道疾病。

029 茶为什么能清心明目

品茶时要有一颗清静淡泊的心，泡上一杯茶，细细品尝，会有清火清心的良好效果。茶不但能清心，也能明目。茶叶中的维生素C等成分，能降低眼睛晶体混浊度，经常饮茶，对减少眼疾、护眼明目均有积极的作用。

030 绿茶有什么功效

绿茶较多地保留了鲜叶内的天然物质，其中茶多酚和咖啡因保留鲜叶的85%以上，叶绿素保留50%左右，维生素损失也较少，从而形成了绿茶"清汤绿叶，滋味收敛性强"的特点。最新科学研究结果表明，绿茶中保留的天然物质成分，对抗衰老、防癌、抗癌、杀菌、消炎等均有特殊效果，为其他茶类所不及。

031 绿茶的抗衰老作用是如何体现的

绿茶中含有的茶多酚有抗氧化和生理活性，可以帮助人体清除自由基，抵抗衰老。另外，绿茶还可以减少和防止皮肤中黑色素的生成和沉积。

032 绿茶为什么有抗菌抑菌的保健功效

绿茶中的茶多酚有抗菌抑菌作用，既能起到对病菌的抑制及杀灭作用，又不伤害肠内有益菌的生成。

033 绿茶为什么能降血脂

绿茶中含有的茶多酚、儿茶素、黄酮醇类成分可以降低心血管疾病发生概率，有软化血管、防止肥胖、改善血液流量、预防脑中风和心脏病的作用。

034 为什么说绿茶的防癌作用为其他茶类所不及

绿茶中含有的茶多酚具有抗癌功效。且茶叶中含有的硒是世界公认的具有抗癌防癌功效的物质。以陕西南部紫阳县境内所产的富硒茶硒含量最为丰富。

035 青茶有什么功效

青茶俗称乌龙茶，其药理作用突出表现在分解脂肪、减肥健美等方面。在日本被称为"美容茶""健美茶"。乌龙茶的功效与作用主要有：

①降血压。研究指出，喝乌龙茶有助于降低高血压。每天喝一杯茶的人比其他人降低血压的机会多45%，如果是喝两杯，可以提高到65%。

②降血脂。研究发现，每日上下午两次饮用乌龙茶，连续24周后，病人血液中胆固醇含量有不同程度下降，这说明乌龙茶有防止和减轻主动脉粥样硬化的作用，能显著抑制血胆固醇及中性脂肪的增加。

③减肥瘦身。不同的研究表明，乌龙茶可以促进新陈代谢和燃烧脂肪，并改善膳食脂肪吸收。它包含燃烧卡路里的儿茶素多酚物质，结合运动和均衡饮食，可以很好的促进减肥。

④呵护肌肤，延缓衰老。乌龙茶能提高SOD酶活性，具有呵护肌肤，抗氧化、防衰老的作用。

⑤防癌症。乌龙茶中含有大量的茶多酚，可以提高脂肪分解酶的作用，降低血液中的胆固醇含量，有防癌作用。

铁观音

普洱熟茶

036 普洱茶有什么功效

现代医学研究显示，普洱茶有暖胃、减肥、降脂、预防动脉硬化、预防冠心病、降血压、抗衰老、抗癌、降血糖、抑菌消炎、减轻烟毒、减轻重金属毒、抗辐射、防龋齿、明目、助消化、抗毒、预防便秘等20多项功效，而其中暖胃、减肥、降脂、预防动脉硬化、预防冠心病、降血压、降血糖、抗衰老、抗癌的功效尤为突出。

037 黑茶为什么有增强肠胃的功能

黑茶的有效成分在抑制人肠胃中有害微生物生长的同时，又能促进有益菌（如乳酸菌）的生长繁殖，增强肠胃功能。对久坐办公室的人有较明显的调整肠胃功能的作用。

038 黑茶为什么能降血压、降血糖

黑茶中的生物碱和类黄酮等物质可使血管壁松弛、血管舒张，从而使血压下降。另有研究证明，茶叶中的茶多糖对降血糖有明显效果，其作用类似胰岛素。

039 红茶有什么功效

红茶可以帮助胃肠消化、促进食欲，可利尿、消除水肿，并有强健心脏的功能。美国心脏学会曾经得出红茶是"富含能消除自由基，具有抗酸化作用的黄酮类化合物的饮料之一，能够使心肌梗死的发病率降低"的结论。红茶在加工过程中因促氧化等的化学反应，茶多酚减少9成以上，产生了茶黄素、茶红素、黄酮类化合物等成分。单宁酸成分也降低，和绿茶相比，刺激性略减少，而红茶汤多呈深红色，苦涩味也明显较少。红茶还具有消炎杀菌、解毒、强壮骨骼、养胃护胃、抗癌、舒张血管、消除疲劳的功效。此外，红茶的香气能使神经松弛，具有缓和紧张情绪的作用。

040 红茶为什么有养胃护胃的功效

红茶中的茶多酚在氧化后对胃的刺激性减小。经常饮用加糖、加牛奶的红茶还能起到消炎、保护胃黏膜的作用，红茶对治疗溃疡有一定效果。

红茶

白茶

041 白茶有什么功效

白茶中茶多酚的含量较高，它是天然的抗氧化剂，有提高免疫力和保护心血管的作用。白茶中还含有人体所必需的活性酶，可以促进脂肪分解，有效控制胰岛素分泌量，分解体内血液中多余的糖分，促进血糖平衡。

白茶能够有效地美白养颜，能养目、减肥、抗辐射、抗衰老、抗氧化、抗过敏、清除自由基。同时白茶还可以瘦身，因为茶叶里的咖啡因和茶碱可以有效减少脂肪的堆积。

实验证明，白茶可以保护皮肤结构蛋白，尤其是弹性蛋白和胶原质的植物汁液，有助于肺、动脉、韧带和皮肤正常工作。茶多酚是水溶性物质，用它洗脸能清除面部的油腻，收敛毛孔，具有消毒、灭菌、抗皮肤老化、减少日光中紫外线辐射对皮肤的损伤等功效。

白茶中含有多种氨基酸，具有退热、祛暑、解毒的功效。白茶的杀菌效果好。多喝白茶有助于口气的清洁与健康。白茶是最原始、最自然、最健康的茶类珍品。中医药理证明，白茶还有三抗（抗辐射、抗氧化、抗肿瘤），三降（降血压、降血脂、降血糖）的保健功效，同时还可养心、养肝、养目、养神、养气、养颜的养身功效。但白茶较寒凉，胃寒、体寒的人要特别注意，要适量饮用。

042 黄茶有什么功效

黄茶中富含茶多酚、氨基酸、维生素等物质，对防治食道癌有明显功效。此外，黄茶鲜叶中天然物质保留有85%以上，这些物质对防癌、抗癌、杀菌、消炎均有特殊作用。黄茶与绿茶、白茶一样，性寒凉，适合食欲缺乏、消化不良、免疫力低下者、长期从事电脑工作者饮用。虚寒体质者不宜多饮。

黄茶

043 茉莉花茶有什么功效

茉莉花茶是用茉莉花窨制绿茶制成。除绿茶的功效以外，茉莉花具有和中理气、清肝明目、生津止渴、祛痰治痢、通便利水的功效。茉莉花茶适合头晕头痛、下痢腹痛，外感发热、腹泻、中暑者饮用，但火热内盛、燥结便秘者慎饮茉莉花茶。

花茶 碧潭飘雪

044 花草茶有什么功效

花草茶指的是将草本植物之根、茎、叶、花或皮等部分加以煎煮或冲泡，而产生芳香味道的草本饮料。草本植物因其香味、刺激性或其他益处而被整株或部分干燥后利用，植物的根、茎、皮、花、枝、果实、种子、叶等，都可以制成药草。草本植物的成长期较木本植物短，且方便取用，用途很多，大部分被用在医疗、美容护肤、美体瘦身、保健养生等方面。

花草茶对人的身体具有一定的调节作用，温和不刺激，比较适合日常饮用。其香气和有效物质可以减轻不适，调理身心。

饮茶的时令和禁忌

045 一年四季都适合喝什么茶

人们习惯根据茶叶的性能，按季节选择不同品种的茶，以益于健康。一般情况下，春、夏季适合饮绿茶、白茶、黄茶，秋季适合饮乌龙茶，冬季适合饮红茶、普洱茶，花茶则一年四季都可以饮用。

046 为什么春季也适合饮用花茶

春天万物复苏，人体和大自然一样，处于抒发之际。此时宜喝茉莉、珠兰、玉兰、桂花、玫瑰等花茶，因为这类茶香气浓烈，香而不浮，爽而不浊，可帮助散发冬天积郁在体内的寒气，同时浓郁的茶香还能促进人体阳气生发，令人精神振奋，从而有效地消除春困，提高工作效率。

茉莉花茶

绿茶

047 为什么夏季适合饮用绿茶

夏天骄阳似火，溽暑蒸人，大汗淋漓，人体内津液消耗大。此时宜饮龙井、毛峰、碧螺春、珠茶、珍眉、大方等绿茶。因为这些茶绿叶绿汤，清鲜爽口，略带苦寒味，可清暑解热，去火降燥，止渴生津，且绿茶又滋味甘香，富含维生素、氨基酸、矿物质等营养成分。所以，夏季常饮绿茶，既可消暑解热，又能补充营养素。

夏天喝绿茶

048 为什么秋季适合饮用乌龙茶

秋天天气干燥，"燥气当令"，常使人口干舌燥，此时宜饮乌龙、铁观音、水仙、铁罗汉、大红袍等乌龙茶。这类茶汤色金黄，外形肥壮均匀，紧结卷曲，色泽绿润，内质馥郁，其味爽口回甘。青茶介于红、绿茶之间，不热不寒，常饮能生津、润喉，清除体内余热，因此饮茶对金秋保健大有好处。

冬天喝红茶

秋天喝乌龙茶

049 为什么冬季适合饮用红茶

　　冬天气温骤降，寒气逼人，人体生理机能减退，阳气渐弱，对能量与营养要求较高，养生之道，贵于御寒保暖，提高抗病能力。此时宜喝祁红、滇红、闽红、湖红、川红、粤红等红茶和普洱、六堡等黑茶。红茶干茶呈黑色，叶红汤红，醇厚甘温，可加奶、糖，芳香不改。红茶还含有丰富的蛋白质，可补益身体，善蓄阳气，生热暖腹，增强人体对寒冷的抗御能力。此外，冬季人们的食欲增强，进食油腻食品增多，饮用红茶还可去油腻、开胃口、助养生，使人体更好地顺应自然环境的变化。

050 哪些人不适宜饮用绿茶

一般来说，绿茶适合高血压、高血脂、冠心病、动脉硬化、糖尿病、吸烟及油腻食品食用较多者饮用。因绿茶性寒凉，故女性不宜长期大量饮用。另外，失眠、怀孕及哺乳期妇女，儿童，神经衰弱、肾功能不良、泌尿系统结石、消化道溃疡者、贫血者不宜饮茶，尤其不宜饮绿茶。

051 哪些人不适宜饮用乌龙茶

缺钙者、过敏者，孕妇、老人、虚寒体质、失眠及神经衰弱者，肝肾病患者，低血糖者、空腹状态及正在服用镇静剂、人参等补药者不宜饮用乌龙茶。

052 哪些人不适宜饮用红茶

红茶暖胃护胃，适合在寒冷的冬季饮用，但发烧者、肝病患者、营养不良者慎饮，孕妇、虚寒体质、失眠、神经衰弱者都不宜过多饮用。

053 哪些人不适宜饮用黑茶

黑茶有较好的调节血脂等保健功效，但营养不良者、素食者、孕产妇、贫血者、过敏、神经衰弱，虚寒体质者不宜饮用。

054 哪些人不适宜饮用白茶

白茶适合每天对着电脑的上班族饮用，可抗辐射和增强免疫力；另外燥热上火、免疫力低者也适宜饮用。但肾虚、体弱者，孕妇、心脏病人、神经衰弱者、贫血者不宜饮用。

055 为什么忌讳饭前大量饮茶和饭后立即饮茶

饭前大量饮茶，不但会冲淡唾液，还会影响胃液分泌，这样，会影响味觉，使人饮食时感到无味，也对食物的消化与吸收造成影响。

饭后饮杯茶，有助于消食去脂，但饭后不宜立即饮茶。因为茶叶中含有较多的鞣酸，它与食物中的铁质、蛋白质等会发生反应，形成不易消化的凝固物质，从而影响人体对铁质和蛋白质的吸收，使身体受到影响。

056 不宜与茶一起食用的食物有哪些

喝茶的好处有很多，但有一些食物是不能与茶一起食用的，比如鸡蛋。很多人都爱吃茶叶蛋，但其实这是一种错误的吃法。茶水煮鸡蛋，如茶的浓度很高，浓茶中含有较多的单宁酸，单宁酸能使食物中的蛋白质变成不易消化的凝固物质，影响人体对蛋白质的吸收和利用。鸡蛋为高蛋白食物，所以不宜用茶水煮。还有一些肉类食物，比如羊肉、狗肉。吃羊肉时喝茶，羊肉中丰富的蛋白质能同茶叶中的鞣酸结合，生成一种叫碳酸蛋白质的物质。这种物质对肠道有一定的收敛作用，可使肠的蠕动减弱，大便里的水分减少，容易引发便秘。所以，不宜边吃羊肉边喝茶。吃完羊肉后也不宜马上喝茶，应等2、3小时再饮茶。

057 为什么忌饮烫茶和冷茶

饮烫茶会对人的咽喉、食道、胃产生强烈刺激，直到引起病变。一般认为茶以热饮或温饮为好。茶汤的温度不宜超过60℃，以45～50℃为好，在此范围内，可以根据各人习惯加以调节。冷饮同样会对人的口腔、咽喉、肠胃造成影响。另外，饮冷茶，特别是饮10℃以下的冷茶，对身体有滞寒、聚痰等不利影响。

058 为什么忌饮浓茶

由于浓茶中的茶多酚、咖啡因的含量很高，刺激性较强，会使人体新陈代谢功能失调，甚至引起头痛、恶心、失眠、烦躁等不良症状。

另外，如果长期、过量饮浓茶，可能引起缺铁性贫血、缺钙。

059 为什么忌饮冲泡次数过多和泡得太久的茶

一杯茶经三次冲泡后，90%以上可溶于水的营养成分已经浸出，如果继续冲泡，茶叶中的一些微量有害元素就会被浸泡出来，不利于身体健康。

冲泡时间过久会使茶叶中的茶多酚、芳香物质、维生素、蛋白质等氧化，使其变质变味，成为有害物质，而且茶汤中还会滋生细菌，使人致病。因此，茶叶以现泡现饮为上。

060 为什么忌空腹饮茶

空腹饮茶会刺激肠胃，引起心悸、颤抖、头晕、乏力、肠胃不适等低血糖症状，或食欲不振，消化不良，长此以往，会影响身体健康。

061 有什么病的人需适量饮茶或不能喝浓茶

肠胃不适的人饮茶要适量，若饮茶过量或饮浓茶，会引起肠胃的病理变化，易形成溃疡，因此有胃肠病的人要少饮茶。

茶有利尿作用，有利于排除人体内的毒素，但饮过量的浓茶，会过度刺激肾脏。排尿过多不仅不利于肾脏功能，还会因体内水分流失过多而便秘。

062 贫血的人能喝茶吗

贫血患者能否饮茶，不能一概而论。如果是缺铁性贫血，则最好不饮茶。这是因为茶叶中的茶多酚很容易与食物中的铁发生化合反应，不利于人体对铁的吸收，从而加重病情。

063 冠心病患者可以喝茶吗

冠心病患者能否饮茶，须视患者病情而定，请咨询医生以确定自己是否适合饮茶。冠心病患者有的心动过速，有的心动过缓。茶叶中的生物碱，尤其是咖啡因和茶碱，都有兴奋作用，能增强心肌的机能，故心动过缓的冠心病患者可以适量饮茶。心动过速的冠心病患者则宜少饮茶，饮淡茶，甚至不饮茶，以免因多喝茶或喝浓茶促使心动过速。

064 畏寒的人应该喝什么茶

一般来说，绿茶较寒凉，对于畏寒的人不太适合，畏寒的人适合喝黑茶或红茶，完全发酵的茶比较温和。

065 神经衰弱的人怎样喝茶

神经衰弱患者，一要做到不饮浓茶，二要做到不在临睡前饮茶。因为患神经衰弱的人主要症状是失眠，而茶叶中所含的咖啡因有明显的兴奋中枢神经的作用，使精神处于兴奋状态，更难入睡。

066 为了利尿大量饮浓茶行不行

为了利尿大量饮浓茶不可取。饮茶有利尿作用，有利于排除身体中的废物，但不能过量的饮茶。大量饮浓茶会对肾脏造成刺激，导致排尿过多，这样不仅不利于肾脏的健康，还增加了心脏的负担，且容易因体内水分流失过度而引起便秘，对身体有害无益。

067 吃海鲜时喝茶好吗

吃鱼虾类海鲜和含磷钙丰富的食物时，最好不要喝茶。因为茶中含有的草酸很容易和磷钙形成草酸钙，不仅使钙流失，还可能形成结石，危害身体健康。

068 吃鸡鸭肉类时适合喝什么茶

吃鸡鸭肉类时，喝乌龙茶比较合适。乌龙茶综合了绿茶和红茶的制法，其品质介于绿茶和红茶之间，既有绿茶的清香又有红茶的醇厚，有"美容茶"之称，具有很好的分解脂肪的功效，还有促进肠胃蠕动的功能，能帮助消化。

069 餐前可以喝什么茶

餐前适合喝普洱茶（熟茶）或红茶。因为两者是全发酵茶，不会刺激肠胃，且茶多酚在氧化酶的作用下发生酶促氧化反应所产生的物质能促进肠胃消化。

070 餐后一般适合少量喝什么茶

餐后比较适合喝少量乌龙茶、绿茶。乌龙茶具有很好的分解脂肪的功效，还有增加肠胃蠕动的功能，能帮助消化。绿茶含有丰富的维生素、茶多酚，适合饭后少量饮用。

071 餐前、餐后喝茶的最佳时间是什么时候

无论是餐前或是餐后喝茶，最好能和餐饮时间间隔半小时。若立即饮茶，茶叶中的茶多酚与食物中的铁质、蛋白质等发生凝固反应，易影响人体对铁质和蛋白质的吸收。

072 为什么饭后饮茶有助消化的作用

药理学的实验报告表明，饭后半小时少量饮茶，胃的排空速度比较较快，茶汤有类似胃液的作用，能助消化，也能缓解肠胃的紧张，促进小肠蠕动，胆汁、胰液和肠液分泌量也有所增多。因此，饭后少量饮茶有助消化。

073 什么是"茶醉"

空腹喝刺激性强的茶，出现心悸、头昏、眼花、心烦等身体反应，好像喝酒醉了一样，俗称"茶醉"，茶醉多因饮茶过多、茶过浓或饮茶时间太长引起。

074 "甜配绿，酸配红，瓜子配乌龙"是什么意思

所谓"甜配绿"，即喝绿茶时搭配甜食佐茶，如用凤梨酥等各式甜糕配绿茶；"酸配红"，即喝红茶应搭配酸甜的食品，如水果、果干等；"瓜子配乌龙"，即喝乌龙茶时搭配有点滋味的五香瓜子、花生等食物。

075 为什么近几年人们爱喝老白茶

一般的茶保质期为一到两年，因为过了两年的保质期，即使保存得再好，茶的香气也已散失。而白茶却不同，它与生普洱一样，储存年份越久茶味越醇厚和香浓，虽不像新白茶那样鲜爽，却非常柔、耐泡、耐煮，加之老白茶有清火消炎的作用，近年来越来越多的人喜欢老白茶。

茶食

076 白茶为何有"一年茶，三年宝，七年药"之说

白茶有"一年茶、三年药、七年宝"之说。"一年茶"是说白茶属于微发酵茶，刚制作出来的头年白茶口感接近绿茶，茶性较寒凉，并且茶味较淡。"三年药"指白茶在存放的过程中，茶叶内部成分缓慢地发生变化，品饮时香气醇和，滋味渐柔，茶性也由凉转温，具有降火清热、养肝护肝、养心提神、消炎避暑等功效。"七年宝"的意思是，白茶存放时间越长，其药用价值越高，极具收藏价值。确切说白茶存放五六年就算老白茶了，随着存放时间的渐长，白茶逐渐氧化，滋味变得越来越醇厚，其多酚类物质不断氧化，转化为更高含量的黄酮、茶氨酸和咖啡因等成分，滋味香浓汤色呈琥珀色，红亮透明。防癌、抗癌、防暑、解毒、防过敏的功效更加明显，感冒初期，喝上几杯老白茶，会感觉轻松许多。

077 为什么一天中也要按时饮茶、因时择茶

自古以来，中国人喝茶就很讲究，对饮茶的时间、浓淡、冷热、新陈都很注意。据前人总结，早茶使人心情愉快，午茶提神，劳累后饮茶解疲劳，宴席后饮茶消食，进食后以茶水漱口既去油腻，又可固齿。

为了健康，饮茶时应遵循"清淡为宜，适量为佳，随泡随饮，饭后少饮，睡前不饮"的原则，尤其体瘦者、特殊时期的女性、老年人、儿童、酒后、口渴时以及饭前饭后宜饮淡茶。

078 第一泡茶水"洗茶"不喝更有利于健康吗

很多人泡茶时第一泡茶水会倒掉，名曰"洗茶"，为了洗去茶叶上灰尘和农残，认为这样有益于健康，实则是一个错误的认识。

对绿茶而言，用沸水第一次冲泡，维生素C和咖啡因可溶部分几乎已经完全溶于水了（含量的80%~90%），多酚类化合物第一次冲泡，就可泡出60%左右，从营养角度看，第一泡不应该倒掉。

茶叶上如有农药残留也多为脂溶物，沸水无法洗去。如为了洗去灰尘，可冲泡前用少量温水浸润一下茶叶后马上倒掉水。

若是经长时间存放的黑茶，第一泡用沸水迅速浸润后倒去，可去除存放和运输中沾染的气和灰尘，有利于焕发茶的香醇。

079 喝茶时加盐有什么好处

饮茶加少量盐是有道理的。茶中的咖啡因与有机酸或其他盐类结合，在水中的溶解度增大，对胃黏膜的刺激性降低，有助于消化。

080 为什么不能用茶水服药

茶叶中含有鞣酸，如用茶水服药，鞣酸同药物中的蛋白质、生物碱及金属盐等会发生化学反应而产生沉淀，使药性改变，阻碍吸收，影响药效。这就是人们常说的"茶解药"。

此外，茶叶有兴奋中枢神经的作用，凡服镇静、安神、催眠类药物以及服用含铁补血药、酶制剂药、含蛋白质的药物时，均不宜用茶水送服。

081 为什么不能喝隔夜茶

隔夜茶因茶水放置时间过久，维生素等营养成分已失去，而且茶里的蛋白质、糖类等可能滋生细菌，对人身体有害。

082 喝不完的茶水、未变质的隔夜茶有哪些用途

① 洗脸。研究表明，茶水中含有碱性物质。喝剩的绿茶茶汤比较适合护肤，因为绿茶中含有较多的维生素C和茶多酚，用来洗脸可以预防和减少皮肤病发生的概率。日常洗脸后用冷茶水轻拍面部，或者用蘸了茶水的棉布敷在脸上，再用清水洗净，这样有助于平衡皮肤的酸碱度，使肌肤逐渐转变为中性。

② 敷眼。隔夜茶中的茶多酚具有抗炎消菌的作用。电脑族、手机族可以将茶冷冻后，用蘸了茶水的化妆棉敷在眼皮上，减轻黑眼圈，但要注意不要让茶水进入眼睛内部。取下化妆棉后，用清水洗净。

③ 漱口。隔夜茶中含有丰富的酸素，可阻止毛细血管出血。口腔溃疡、牙龈出血、舌痛等问题均可用隔夜茶漱口治疗，但不能喝进肚子。此外，茶水中的氟会增强对酸性食物的抵抗力，减少蛀牙的发生，还能减少牙菌斑，一般饭后三五分钟漱口效果最佳。

④ 洗脚。茶叶中含有大量单宁酸，具有杀菌效果，尤其对抑制脚气的丝状菌特别有效，睡前可将一天内泡过的茶叶煮成浓汁来洗脚，日久脚气会不治而愈。最好用绿茶，因为发酵后的茶单宁酸含量会减少。

⑤ 擦身。用温热的茶水擦身，茶水中的氟能迅速止痒，防治湿疹，还能使皮肤光泽、滑润、柔软。

⑥ 洗手。手上的腥味一般难以祛除，可以用茶水洗手，手上的腥味会立刻消失无踪。

083 为什么发烧时不宜饮茶

有些病人发烧后仍照常喝茶，甚至喝浓茶，这样不但不能降低体温，还会导致体温增高，因为茶叶中的茶碱会使人的体温升高，会使降温药物的作用消失或大为减少。

084 为什么儿童不宜喝浓茶

因为茶叶浓度大时，茶多酚的含量高，易与食物中的铁发生作用，不利于铁的吸收，易引起儿童的缺铁性贫血。儿童可以适量喝一些淡茶，浓度为成人饮茶浓度的1/3。

085 为什么醉酒的人不宜饮浓茶解酒

茶叶有兴奋神经中枢的作用，醉酒后喝浓茶会加重心脏负担。茶还有利尿作用，使酒精中的有毒的物质尚未分解就从肾脏排出，对肾脏有较大的刺激性而危害健康。

086 为什么剧烈运动后不宜饮茶

首先，运动后喝茶会加重心脏负担。茶中含有咖啡因等导致兴奋的物质，运动刚结束就饮茶会使人不舒服，体质差的人会出现更严重的后果。其次，茶有利尿功能，运动后身体会大量出汗，如果喝含有咖啡因的茶水饮料会进一步加重体内水分的流失。咖啡因不利于运动后的恢复。运动后可以选择喝点淡盐水，不仅可以补充身体所需的养分和盐分，还可以保持体内的正常代谢。

087 男士女士分别适合喝什么茶

一般来说，男士适合喝绿茶、乌龙茶及普洱茶生茶，有利于清肠、排毒、通络、强身健体。年轻女性适合品饮绿茶，可以防辐射，尤其是电脑一族，喝绿茶能增强免疫力，但体寒的年轻女性不宜多饮。年纪稍大的女性可以喝红茶，以利活血、安宫、暖胃。

088 女性在哪些时候不宜饮茶

女性一般在四个时期不宜饮茶，第一是生理期不宜饮茶。经期饮浓茶会使人基础代谢水平提高，引起痛经或经期延长。第二，怀孕期不宜喝浓茶，否则易引起缺铁性贫血，且茶中所含的咖啡因会使孕妇心肾负担过重，心跳加快，排尿频繁，咖啡因还会被胎儿吸收，胎儿对咖啡因的代谢速度较慢，不利于胎儿的发育。第三，哺乳期不宜喝太多茶。哺乳期饮茶会减少乳汁分泌，乳汁中所含的咖啡因会使婴儿过度兴奋，甚至产生肠痉挛。第四，更年期喝茶要适可而止。更年期喝太多茶会加重头晕、浑身乏力、脾气不好和睡眠质量差等症状。

少数民族的健康茶饮

089 藏族人为什么喜饮酥油茶

　　酥油茶是藏族的一种饮料。由于西藏地处高原，气候寒冷干燥，居民以肉类为主要食物，蔬菜、水果较少。因此人体不可缺少的维生素等营养成分，主要靠茶叶来补充。藏族人视茶为神，流传着"宁可三日无粮，不可一日无茶"的说法。

　　酥油茶是一种在茶汤中加入酥油等原料，再经特殊方法加工而成的茶。酥油是把牛奶或羊奶煮沸，用勺搅拌，倒入竹桶内，冷却后凝结在溶液表面的一层脂肪。藏族人一般多用紧压茶作为制作酥油茶的茶叶。酥油茶具有极高的热量，香醇可口，滋味多样。既可暖身，抵御寒冷，又能补充体力。酥油茶里的茶汁很浓，有生津止渴、提神醒脑、防止动脉硬化、抗老防衰、抗癌等作用。茶中的芳香物质还能溶解脂肪，帮助消化。由于缺氧，高寒地区的人排尿量要比平原地区人的排尿量多一倍，因此，他们只有靠饮茶来维持体内水分的平衡和正常的代谢，并且饮茶可以补充缺乏的维生素，维持人体内的酸碱平衡。所以，藏族人民将酥油与茶同饮，为自己提供了一种简便有效的防病保健法。

090 蒙古族人为什么喜饮咸奶茶

蒙古族嗜茶，且视茶为"仙草灵丹"。喝咸奶茶是蒙古族传统饮茶习俗。由于草原上缺少蔬菜，蒙古族人就用奶茶来补充体内所需的维生素。奶茶还有暖胃、解渴、充饥、助消化的功能。每日清晨，主妇所做的第一件事就是先煮一锅咸奶茶，供全家整天享用。蒙古族喜欢喝热茶，早上，他们一边喝茶，一边吃炒米。将剩余的茶放在微火上暖着，供随时取饮。通常一家人只在晚上放牧回家才正式用餐一次，但早、中、晚三次喝咸奶茶是不可缺少的。

蒙古族喝的咸奶茶，用的多为青砖茶或黑砖茶，煮茶的器具是铁锅。制作时，先把砖茶打碎，并将洗净的铁锅置于火上，盛水2、3千克，烧水至刚沸腾时，加入打碎的砖茶25克左右。当水再次沸腾5分钟后，掺入奶，用量为水的五分之一左右。稍加搅动，再加入适量盐巴。等到整锅咸奶茶开始沸腾，才算煮好了。

091 维吾尔族人为什么喜欢奶茶与香茶

维吾尔族把茶看作"神仙茶"，竟然连喝过的茶渣也舍不得丢弃，认为用茶渣喂马饲驴，能使马驴有神，毛色油光明亮。他们认为喝茶与吃饭一样重要，觉得"一日三餐有茶，提神清心，劳动有劲；三天无茶落肚，浑身乏力，懒得起床"。由于天山山脉横亘新疆中部，维吾尔自治区内天山南北气候各异。大抵说来，北疆以喝加牛奶的奶茶为主，南疆以加香料的香茶为主，但不管奶茶和香茶，用的都是茯砖茶。

北疆的奶茶对牧民来说可算是每天必备的饮料。将茯砖茶敲成小块，抓一把放入盛水八分满的茶壶内，放在煤炉上烹煮，直至沸腾 4～5 分钟后，加上一碗牛奶或几个奶疙瘩和适量盐巴，再煮沸 5 分钟左右，一壶热乎乎、香喷喷、咸滋滋的奶茶就好了。对初饮者来说，奶茶滋味浓涩，不大习惯，但只要在高寒、少蔬菜、多食奶肉的北疆住上十天半月，就会感到奶茶实在是一种补充维生素等营养、去腻消食不可缺少的饮料。

南疆的香茶，用的茶叶与煮奶茶相同，只是最后加入的佐料并不是牛奶与盐巴，而是用胡椒、桂皮等香料碾碎而成的细末。香茶在南疆与其说是一种饮料，还不如说是一种汤。现代医药学研究说明：胡椒能开胃，桂皮可益气，茶叶能提神，这样，三者相互调补，相得益彰，使茶的药理作用有所加强。难怪当地老乡把香茶看作"既是一种营养食品，又是一种保健饮料"。

092 傣族人为什么喜饮竹筒香茶

竹筒香茶是云南傣族、拉祜族人民别具风味的一种饮料，因茶叶具有竹筒香味而得名。竹筒香茶有两种制法：一是采摘细嫩的一芽二三叶的茶青，经铁锅炒制，揉捻后，装入生长仅一年的嫩甜竹（又名香竹、金竹）筒内，制成既有茶香，又有竹香的竹筒茶。二是将晒青毛尖茶放入小饭甑里，甑子底层堆放浸透了的糯米，甑心垫一块纱布，放上毛茶，蒸软茶叶，装入香竹筒（又称金竹、甜竹）内捣紧，放在炭火上以文火慢慢烤干后收藏。这种方法制成的竹筒香茶既有茶香和糯米香，又有甜竹的清香。

竹筒香茶属绿茶紧压茶类，竹香、糯米香、茶香兼具，滋味鲜爽回甘，汤色黄绿清澈，叶底肥嫩黄亮，具有绿茶提神解乏、生津止渴的功效。制好的竹筒香茶很耐贮藏，用牛皮纸包好，放在干燥处贮藏，品质常年不变。当地人饮用时，会用嫩甜竹竹筒装上泉水放在炭火上烧开，然后放入竹筒香茶再烧5分钟，就能喝了。

093 客家人为什么喜欢擂茶

擂茶是以茶叶和花生、芝麻、大米，加生姜、胡椒、食盐为原料，放入特制的陶质擂罐内，以硬木擂棍在罐内旋转，擂磨成细粉，然后取出用沸水冲泡调成的。

擂茶是中国较古老的吃茶方法，又名三生汤，原用生叶（指从茶树采下的新鲜茶叶）、生姜和生米等三种生原料经混合研碎加水后烹煮而成的汤，故而得名。相传三国时，张飞带兵进攻武陵壶头山（今湖南省常德境内），正值炎夏酷暑，当地瘟疫蔓延，张飞部下数百将士病倒，连张飞本人也不能幸免。村中一位中医郎中献出祖传除瘟秘方三生汤，结果茶（药）到病除。其实，茶能提神祛邪，清火明目；姜能理脾解表，去湿发汗；米仁能健脾润肺，和胃止火，说擂茶是一帖治病良药有一定科学道理。擂茶对常年生活在大山长谷瘴气较重的客家人，有驱邪健身的功效。

094 白族的三道茶有什么讲究

以"三道茶"待客是白族的一种风习。第一道茶为"清苦之茶"，寓意做人的"要立业，先要吃苦"。制作时，先将水烧开。再由司茶者将一只小砂罐置于文火上烘烤。罐烤热后，即取适量茶叶放入罐内烤，待罐内茶叶"啪啪"作响，叶色转黄、发出焦糖香时，立即注入已经烧沸的开水。少倾，主人将沸腾的茶水倾入茶盅双手举盅献给客人。茶色如琥珀，闻起来焦香扑鼻，喝下去滋味苦涩，通常只有半杯。第二道茶为"甜茶"。主人重新用小砂罐置茶、烤茶、煮茶，同时在茶盅内放入少许红糖、乳扇、桂皮等。第三道茶为"回味茶"。其煮茶方法相同，只是茶盅中放的原料已换成适量蜂蜜，少许炒米花，若干粒花椒，一撮核桃仁，饮茶时一边晃动茶盅，一边趁热饮下。三道茶喝起来甜、酸、苦、辣，先生津止渴、消除疲劳，后补充热量，使人精神倍长，回味无穷。

095 纳西族人为什么喜欢"龙虎斗"

居住在云南省丽江地区的纳西族,是一个喜爱喝茶的民族。他们平日爱喝一种具有独特风味的"龙虎斗"。此外,还喜欢喝盐茶。

纳西族喝的龙虎斗制作方法也很奇特,首先用水壶将茶烧开。另选一只小陶罐,放上适量茶,连罐带茶烘烤。为避免茶叶烤焦,还要不断转动陶罐,使茶叶受热均匀。待茶叶发出焦香时,向罐内冲入开水,烧煮3~5分钟。同时,准备茶盅,再放上半盅白酒,然后将煮好的茶水冲进盛有白酒的茶盅内。这时,茶盅内会发出"啪啪"的响声,纳西族同胞将此看作吉祥的征兆。声音愈响,在场者就愈高兴。纳西族认为龙虎斗不仅香高味酽,提神解渴,还能祛寒,是感冒的良药。

096 侗族人为什么喜欢打油茶

打油茶是侗族生活中的必备饮料,一天之中,不分早晚随时都可以制作。用油茶待客是侗族的重要礼俗。用来制作油茶的原料有茶叶、大米花、酥黄豆、炒花生、猪下水、葱花、糯米饭等。具有香、酥、甜等特点,能提神醒脑,帮助消化。油茶一般分为两种,比较讲究的是先将糯米用碓春烂、过筛,加上稻草灰拌水做成汤圆,再放进油茶汤里煮熟,舀到碗里吃,谓之"粑粑油茶",多在民族节日,或有远方来客时制作。

097 布朗族人为什么喜欢酸茶

布朗族是云南最早种茶的民族之一。他们保留食酸茶的习惯。一般在五六月份,将采回的鲜叶煮熟,放在阴暗处十余日,然后放入竹筒内再埋入土中,经月余即可取出,放在口中嚼细咽下。布朗族人认为酸茶可以助消化、生津止渴,是供自食或互相馈赠的稀罕之物。

098 苗族人为什么喜欢八宝油茶汤

居住在鄂西、湘西、黔东北一带的苗族以及部分土家族人有喝油茶汤的习惯。他们说："一日不喝油茶汤,满桌酒菜都不香"。若有宾客进门,他们会用香脆可口的八宝油茶汤款待。将玉米、豆腐干丁、粉条等分别用茶油炸好装入碗中,茶油加热后放入适量茶叶和花椒,待茶叶转黄发出焦糖香时加水,放上姜丝,煮沸后加入适量食盐和少许大蒜、胡椒之类,将茶汤倒入盛有油炸食品的碗中。这种油茶汤开胃、解渴,有营养,风味特异。

099 回族人为什么喜欢罐罐茶

居住在我国西北的回族人有喝罐罐茶的习俗。罐罐茶的制作方法比较简单,熬煮时,先向煮茶罐注入开水半罐,待水煮沸时放上茶叶8~10克,煮至茶、水相融,茶汁充分浸出,再向罐内加水至八分满,直到茶又一次煮沸,即可倾汤入杯饮用。也有些地方将茶烘烤或油炒后再煮的,目的是增加焦香味。也有的地方,在煮茶过程中,加入核桃仁、花椒、食盐。但不论何种罐罐茶,由于茶用量大,煮的时间长,一般可重复煮3、4次。由于罐罐茶的浓度高,喝起来有劲,口感又苦又涩。当地人认为罐罐茶有四大好处:提精神、助消化、去病魔、保康健。

简便健康茶食

100 常见的茶菜肴有哪些

早期的茶，除了作为药物，很大程度还作为食物出现。前人的许多著述都有记载。流传至今的，还有一些原始形态的茶食。自古以来中国就有"茶食"的说法。茶和中国菜肴优雅、和谐地搭配在一起，就是独具特色的茶料理。常见的茶菜肴有：龙井虾仁、茉莉鲈鱼、乌龙熏鸡、观音送子汤、乌龙子排、美人扣肉、红茶鸡丁、茶叶馅饺子、茶叶蛋、绿茶豆腐、红茶烧肉、普洱茶炖排骨、樟茶鸭等。

茶叶能调和滋味、增添色彩，又具有药理成分，茶肴一直被人们喜爱。

101 以茶入菜有几种方式

一般以茶入菜有四种方式：一是茶菜，即将新鲜茶叶与菜肴一起烤制或炒制；二是茶汤，在菜肴里加入茶汤一起炖或焖；三是茶粉，将茶叶磨成粉撒入菜肴或制成点心；四是茶熏，用茶叶的香气熏制食品。

102 怎样用茶汤煮饭

闽南人平日喜饮茶，除了冲泡饮用外，也将铁观音茶变为制菜的配料，借由其茶叶的香气烹煮出不同的茶餐。在众多茶餐中，"茶饭"的食疗功效不容小觑。《本草拾遗》中说：茶水煮饭，久食令人瘦。除了能够瘦身之外，茶水烧饭还有着去腻、洁口、促进消化和防治疾病等作用。茶叶中所含的茶多酚可降低血胆固醇，因此茶饭有辅助的食疗作用。

煮饭前，先用泡好的茶水浸泡生米，让米粒吸收茶水，待米饭煮熟后，不急着舀出装盘，而是将煮熟的茶饭放入锅，拌入打好的鸡蛋液，再撒上现磨的茶粉末一同加热拌炒。随着"锅气"的催化，茶香会混着米香、蛋香飘散四处。

103 怎么做"茶片"

通常，若直接吃泡发的茶叶，滋味可能过于涩苦，难以下咽。油炸茶叶可以改善茶叶的滋味和口感。将茶叶油炸后入菜烹炒的做法源自广东，广东人认为喝完早茶的茶叶中还有许多营养物质，弃之可惜，于是便萌生了吃茶叶的想法。他们选用第一泡之后的铁观音茶做菜。第一次冲泡后，茶叶本身的滋味会变得较为适口。

热好油锅，将滤干水分的茶叶一一投入锅中油炸。陡升的温度，会让茶叶中水分迅速蒸发，变成又薄又脆的"茶片"，将"茶片"捞出滤油后，茶叶变得松脆，原本略涩的茶味变得温和适口，并微微带着焦香味。

炸好的茶叶，是一样"百搭"的配料，它在菜中散发隐隐的清香，既可与同样香脆的鸡软骨或其他肉食烹炒，也可与鲜贝、虾等海鲜翻炒成菜。经过炒制，带有茶香的薄脆茶片吸收肉的荤香或海鲜的鲜味，令人有意外的惊喜。

104 怎样利用茶汤为美食提香

茶中富含多种营养物质，用茶汤做烹饪材料，即可提升菜肴的鲜爽滋味，又可增加营养。

冲泡好的茶汤可以多种方式用于烹饪。如：以茶汤代替水，和其他调料抓拌均匀作为肉类菜肴的调料，可去腥入味；烹饪时以茶汤代替水炖煮肉食；炒菜时以茶汤代替高汤淋入菜中等。

茶水加米可煮成可口的茶饭，而将茶与其他食材搭配煲成汤品，也能让高汤拥有特别的滋味，"茶在汤中，汤在茶中"能让人体验到一种类似品茶的独特乐趣，开胃解乏。

105 怎样做茶汤圆

沏一壶茶，准备好茶汤，把汤圆投入沸水中煮熟，捞出后分装在小汤碗中，把茶汤倒入盛有汤圆的碗中，至汤圆被浸泡在茶汤之中便可。

如果自己制作汤圆，可以用茶汤和制糯米粉。

106 以茶入菜有哪些好处

我们喝茶只能喝到茶叶的水溶性物质，而水溶性物质只占茶叶干重的40%，余下的60%都被当做没用的茶渣倒掉了，这倒掉的茶渣实际上仍含有营养成分，例如茶叶的粗纤维、微量元素、矿物质，还有茶里的脂溶性维生素等，以茶入菜很好地解决了这个问题，又使菜肴兼具食补和药疗的双重功效，而用茶叶烹制菜肴很简单，可以直接用茶叶或把茶叶磨成茶粉，也可以用茶汁取其味，蒸煮煎炒都可以用茶代替其他的调料。

107 以茶入菜有哪些需要注意的

以茶入菜，要兼顾茶的茶性和菜肴的食性，不能随便抓把茶叶就放到菜里去。海鲜就用绿茶烹调，比如龙井虾仁，乌龙茶与鸡、鸭肉配合，比如川菜樟茶鸭，牛肉的好搭档是红茶。

茶叶做菜时须"速战速决"，因为过久的煮烧不仅可能使茶叶变得黑乎乎的十分难看，而且茶叶所含维生素会大受破坏，故煮烧一般不宜超过5分钟。

无论是直接吃下茶粉还是烹食茶肴，都有一定的搭配和禁忌。做茶肴首先要重视茶的特性，不添加味精，不以葱、姜、蒜五香等重味的调料取胜，也不要过分花巧和夸张。

非茶之茶

在中国，"茶"是一个很包容的概念，

如菊花茶、水果茶、草药茶等，

因像茶一样沏泡、饮用，并对人体健康有益，

因而都被称为"茶"。

可以说"茶"是健康饮品的代名词。

对非茶之茶，人们更看重它们的保健功能。

药草茶

108 什么是枸杞茶

枸杞茶是用温水浸泡枸杞制成的茶饮。

枸杞具有补肾益精、养肝明目、润肺燥的功能。枸杞有调节血糖、降低胆固醇的作用，对于糖尿病有辅助治疗作用，并能防止动脉粥样硬化。此外，枸杞对肝肾不足引起的头昏耳鸣、视力模糊、记忆力减退具有保健调理功用，对长期使用计算机而引起的眼睛疲劳，尤为适宜。

枸杞

109 枸杞能与哪些花草一起泡茶饮用

枸杞可与很多花草配伍。与菊花配伍，有明目之功；与女贞子配伍，适用于肝肾精血不足导致的头昏目眩、视物不清；与何首乌配伍，可平补肝肾、益精补血、乌发强筋；与麦冬配伍适用于调理热病伤阴、阴虚肺燥。

110 党参茶有哪些功效

党参因其故乡在上党而得名，属桔梗科植物。以党参泡饮即为党参茶。

党参可用于煲汤、煮粥、泡酒以及制作各种菜肴。党参具有补气血的双重功效，所以特别适用于倦怠乏力、精神不振、自觉气短的气虚患者做饮食之用。由于补气也有助于生血，所以党参也适用于气血两虚、面色苍白、头昏眼花、胃口不好，大便稀软、容易感冒的人群。党参还具有调节胃肠运动、抗溃疡、增强肌体免疫力、增强造血功能的作用，以及抑制血小板聚集、镇静、催眠、抗惊厥的作用。党参常与红枣、蒲公英、黄芪、紫苏叶等搭配煎煮代茶饮用。

党参

111 什么是人参茶

人参茶是用人工栽培的人参鲜叶，按制绿茶的方法，经过杀青、揉捻、烘干等工序而制成的烘青型保健茶。

人参茶非常适合中老年人饮用，是价廉物美的一种保健饮料。此茶的香味与生晒参很相似，初入口微带苦，尔后回味甘醇。初饮人参茶，如嫌其不合口味，泡饮时加入少量蜜糖，能调和滋味。

112 人参有什么功效

人参性平、味甘、微苦，对中枢神经系统有一定的兴奋作用，能增强机体抵抗力，调节人体功能。人参大补元气，补脾益肺生津，安神益智。人参还可以抗肿瘤、缓解神经衰弱，适用于一般体弱者或病后虚弱者。人参可以与麦冬、五味子等一同泡饮。内热消渴、肾虚阳痿、惊悸失眠、脾虚食少、倦怠乏力者及大病后需大补元气者适合饮用，内火旺、热证者应忌服。

人参

113 西洋参茶有什么功效

西洋参性凉、味苦、微甘，西洋参能补气养阴、清热生津，有抗疲劳、抗氧化、抗应激、抑制血小板聚集、降低血液凝固性的作用，另外，对糖尿病患者还有调节血糖的作用，常与生地、麦冬、枸杞、桂圆等泡饮。适合肠燥便秘、热病烦渴、内热之人饮用。脾胃虚寒或夹有寒湿、泄泻，有腹部冷痛症状的人不宜服用。

114 什么是罗汉果茶

罗汉果掰开，用沸水冲泡，稍微焖后饮用，即为罗汉果茶。

罗汉果性凉、味甘，有止咳、润肺、抗癌、降血压、降血脂、增强免疫力等功效，可助排毒，并具有降血糖的作用，可辅助治疗糖尿病和肥胖症。可与胖大海、薄荷、无花果等共用，缓解风热感冒引起的咳嗽、咽痛、声音嘶哑甚至失声等症，也可用于缓解扁桃体炎、咽喉炎、百日咳、肺热哮喘、便秘等症。但风寒咳嗽、脾胃虚寒者忌用，糖尿病人不宜多服久用。

西洋参

罗汉果

115 胖大海茶有什么功效和禁忌

胖大海，别名安南子、大海子、胡大海，因遇水膨大成海绵状而得名。以胖大海泡茶饮用即为胖大海茶。

胖大海性寒、味甘，具有清热润肺、利咽解毒、润肠通便的功效。胖大海常与甘草、菊花、麦冬一同冲泡饮用。

很多人嗓子不舒服了就会泡一点胖大海喝，但需注意，胖大海只适合风热邪毒侵犯咽喉所致的嘶哑，对因声带小结、声带闭合不全或烟酒过度引起的嘶哑、咽喉肿痛无效。另外，脾胃虚寒、低血压、糖尿病、风寒感冒或肺阴虚引起咳嗽的人群应慎用胖大海，否则可能加重病情。

胖大海

决明子

莲子心

116 决明子茶有什么功效

决明子茶是决明或小决明的成熟种子，有清热明目、润肠通便的功效，也有降压、抑菌、调血脂、降低胆固醇、增强免疫力等作用。适合与夏枯草、火麻仁、瓜蒌仁、菊花、栀子等一同泡饮。

决明子微炒后浸泡代茶饮，以开水浸泡，色黄清香，味道甘苦，别有风味。老年人饮用决明子茶不仅有助于大便通畅，还有明目、缓解眼部疲劳、降脂降压等保健功能。

决明子性微寒，脾虚便溏者、容易拉肚子、腹泻、胃痛的人，不宜饮用此茶，但青光眼、白内障、结膜炎、便秘者以及高血压病人适用。

117 莲子心茶有什么功效

莲子性平、味甘、涩，可固精止带、补脾止泻、益肾养心，有降血压的作用。

将莲子中间绿色的莲子心干制后泡饮，或与茶同泡饮用，即为莲子心茶。莲子心茶可清心去火、养心安神、消暑除烦、生津止渴，可降压去脂、强心，调理因心火内炽所致的烦躁失眠。莲子可与薄荷、菊花、玫瑰花、甘草等泡饮，适合脾虚久泻、肾虚遗精、滑泄、小便不禁、心神不宁、惊悸失眠者饮用。中满痞胀、大便燥结者忌用。

118 菟丝子茶有哪些功效

菟丝子是旋花科植物菟丝干燥成熟的种子，是一味古老的中药。菟丝子性平、味辛、甘，具有养肝明目、补肾益精、安胎、止泻的功效。

用菟丝子泡茶饮用，有降血压、促进造血功能、增强机体免疫力、软化血管、降低胆固醇等功效，可在一定程度上抑制癌细胞，降低癌变的发生率。菟丝子中的多糖具有抗衰老、保护脑组织的作用。菟丝子外用可以消风祛斑，酒浸泡后涂抹皮肤可用来治疗白癜风等症。可与枸杞、山药、党参、白术等同用，适合遗尿、尿频、白带过多、阳痿遗精、溏泻及肝肾不足所致的头晕眼花、视物不清等症者饮用。阴虚火旺或实热症者忌用。

119 麦冬茶有什么功效

麦冬又名沿阶草、书带草、麦门冬、寸冬，为百合科沿阶草属多年生常绿草本植物。须根较粗壮，根的顶端或中部常膨大成纺锤状肉质小块，以块根入药。麦冬性甘、微苦、微寒。用麦冬泡茶饮用，有滋阴润肺、益胃生津、清心除烦的功效。

菟丝子

麦冬

120 杜仲茶有什么功效

杜仲又名丝连皮、扯丝皮、丝棉皮、玉丝皮、思仲等，是我国特有树种。杜仲性温、味甘，有补肝肾、强筋骨、安胎的功效。

杜仲茶是采摘杜仲树的嫩叶，经传统的茶叶加工方法制作而成的健康饮品。用沸水冲泡10分钟后空腹饮用，临睡前喝效果更好。也可加入茉莉花、菊花等一起冲泡饮用，口味微苦而回甜爽口。

由于有机杜仲茶能有效清除体内垃圾，分解胆固醇和中性脂肪，故个别敏感的人开始饮用时可能出现轻微便稀现象，有些人饮用一段时间，身体适应后可恢复正常。杜

杜仲

仲所含成分可加速新陈代谢，促进热量消耗，从而使人体重下降。虚胖者喝杜仲茶减肥效果更好。但阴虚火旺者慎饮，肾虚火炽、内热等者禁用。

121 蒲公英茶有什么功效

蒲公英别名蒲公草、婆婆丁，叶有浓烈的草香，是常用的药草。

将蒲公英放入杯中，加入开水冲泡，加入冰糖调味即可饮用。蒲公英茶色淡黄，有淡淡的苦味。蒲公英茶有清热解毒、消肿散结、利湿通淋、强壮筋骨、乌须黑发的功效，可祛除身体的热气，缓解感冒头痛与发热症状。蒲公英茶长期饮用，能提神醒脑，降低胆固醇，还可预防感冒，增强肝和胆的功能。

适合扁桃体炎、尿路感染、支气管炎等症者饮用。脾虚便溏症者忌用。

在欧洲，蒲公英有"尿床草"之称，可见其利尿作用之强。它还能缓解消化不良和便秘，清洁血液，促进母乳的分泌。

蒲公英可加薄荷茶同饮，味道芳香而甘甜。蒲公英配伍车前子有清热、利湿、通淋的功效，配伍菊花有解毒明目的功效，配伍夏枯草有清肝行滞、解毒散结之功效。

122 覆盆子茶有什么功效

覆盆子性温、味甘、酸，有增强免疫力、抗衰老、益肝肾明目等功效，可与桑葚、山茱萸、菟丝子等配伍饮用。

覆盆子泡水饮用，适合阳痿、早泄、遗精、小便频数、夜间多尿、遗尿、女子带下病、目暗晕花、视物不清等症者饮用。肾虚有火、小便短涩等症者慎服。

蒲公英　　　　　　　　　　　　　　覆盆子

123 甘草茶有什么功效

甘草性平、味甘，具有补脾益气、祛痰止咳、清热解毒、抗炎、抗过敏、保肝、调节免疫系统等作用，并具有抑制胃酸分泌、促进溃疡愈合与解痉的作用，还能促进咽喉及支气管的腺体分泌。常与人参、白术、茯苓、生姜、杏仁、金银花一同泡饮。

甘草泡饮，适合咳嗽痰多、脾胃虚弱、倦怠乏力等症。水肿者慎用。

124 山楂有什么功效

山楂性微温、味酸、甘，能消食化积、行气散瘀，有强心、防治动脉硬化、降低胆固醇、舒张血管等功效，能增强机体免疫力，起到防衰老、抗癌的作用。可与生姜、菊花、麦芽、陈皮、大枣等配伍饮用。

山楂泡水饮用，适合食积不消、肥胖、高血压、高脂血症、冠心病以及妇女痛经者饮用。脾胃虚弱者、孕妇、糖尿病患者忌用。

甘草   山楂

125 大枣茶有什么功效

大枣性温、味甘，具有益血安神、补中益气、镇静、抗过敏、平喘、抗癌及增强抵抗力等作用。可与枸杞、菊花、小麦、芹菜根、甘草、人参等配伍饮用。

大枣茶适合贫血头晕、脾胃虚弱、神经衰弱、体倦乏力、营养不良者食用。腹部胀满、痰湿偏盛、慢性湿疹、肥胖者不宜多用，糖尿病患者、小儿疳积、寄生虫病者忌用。

126 麦芽茶有什么功效

麦芽性平、味甘，具有护肝、抗真菌活性、降血脂等作用。麦芽中含有的淀粉酶，可以帮助消化，常与山楂、陈皮、谷芽等共用。

麦芽茶适合食欲不振、食积不消、乳房胀痛、妇女断乳者饮用。脾胃虚者，妇女在妊娠期或哺乳期禁食。

大枣

麦芽

127 陈皮茶有什么功效

陈皮性温、味辛、苦，具有抗菌消炎、镇痛、燥湿化痰、止咳、理气健脾、降血脂、扩张冠状动脉、抗氧化等作用。对胃肠道有温和的刺激作用，能促进消化液的分泌和排除肠内积气。常与大枣、山楂、党参、大青叶、甜菊等泡饮。

将陈皮用沸水冲泡后放入适量冰糖即可饮用。陈皮茶有理气调中、疏肝健脾、导滞消积的功效，适合食欲不振、疲倦乏力、咳嗽痰多、大便泄泻者饮用。进食过多或食用油腻食物者，可泡上一杯陈皮茶去腻，但燥热或阴虚内热者慎用。

128 生姜茶有什么功效

生姜性温、味辛，有解表散寒、温肺止咳、温中止呕的功效。生姜可刺激食欲，对心脏有兴奋作用，药理实验证明生姜具有抗菌、降血压的作用。可与陈皮、杏仁等配伍饮用。

生姜泡饮或煮饮，适合风寒感冒、咽喉肿痛、头痛鼻塞、痰多咳嗽、呕吐泄泻等症者饮用。阴虚内热者忌用。

陈皮

生姜

板蓝根   桑葚

129 板蓝根茶有什么功效

板蓝根性寒、味苦，有清热解毒、凉血、利咽的功效，可预防流行性乙型脑炎、急慢性肝炎、流行性腮腺炎、流感等症。可与薄荷、麦冬、生地、金银花、栀子等配伍共用。

板蓝根茶适合风热感冒患者饮用，体虚、无实火热毒者忌服。

130 桑葚茶有什么功效

桑葚性寒、味甘、酸，有滋肾补血、生津润燥的功效，可滋润肌肤、亮发以及延缓衰老、缓解眼睛疲劳干涩，还可以防止白细胞减少，促进红细胞的生长。与枸杞、桂圆、蜂蜜、酸枣仁、何首乌等同用。

桑葚泡水饮用，适合便秘、风湿、糖尿病、神经衰弱等症者及津伤口渴、内热消渴、眩晕耳鸣、心悸失眠、血虚便秘、须发早白者。需注意，脾虚便溏及糖尿病人忌饮，制桑葚茶忌用铁器。

131 连翘茶有什么功效

连翘性微寒、味苦，有清热解毒、散结消肿、疏散风热、抗菌、强心、利尿、镇吐等作用，对急性风热感冒、尿路感染等症有调理作用。

连翘泡水饮用，适于风热感冒、高热烦渴、热淋尿闭等症者。脾胃虚寒及痈疮已溃、气虚脓清者慎用。

132 益母草茶有什么功效

益母草别名益母艾、红花艾、坤草。性微寒，味苦、辛，气味清香。益母草含有多种微量元素，其中硒具有增强免疫细胞活力、缓和动脉粥样硬化的发生以及提高肌体免疫力的作用，锰能抗氧化、防衰老、抗疲劳及抑制癌细胞的增生，具有延缓衰老、美容养颜的功效。现代研究发现，益母草煎剂对子宫有强而持久的兴奋作用，不但能增强其收缩力，同时能提高其紧张度和收缩率。此外，益母草还可以煮粥、煲汤，制作菜肴，常与当归、牛膝、香附、丹参、金银花等搭配使用。

以益母草为原料，一般取3～5克为宜，置于杯中，冲入适量开水，加盖焖泡片刻，即可饮用。益母草可活血调经、利水消肿、清热解毒。适用于月经不调、淤血腹痛等。阴虚血少、月经过多、寒滑泻利者禁服，孕妇忌服。

133 绞股蓝茶有什么功效

绞股蓝茶是湘西南、陕西南部的一种古老的中草药日常饮茶，采摘绞股蓝嫩叶和嫩芽，经加工制成绞股蓝茶，冲泡的茶汤碧绿，稍带清香、微苦，性微寒，入喉回甘，是传统保健饮料。

绞股蓝又名七叶胆、七叶参、小苦药，有三叶、五叶、七叶和九叶四大类，其中七叶类以及九叶类所含绞股蓝皂苷较多，功能较强。绞股蓝泡水饮用，具有清热解毒、健脾益气、止咳祛痰、调节血脂等功效，适合支气管炎、胃脘疼痛、高血压、高血脂、糖尿病等症者。

| 益母草 | 绞股蓝 | 车前草 |

134 牛蒡茶有什么功效

牛蒡茶是以牛蒡根为原料，烘干制成。牛蒡性温、味甘、无毒，可通经脉、除五脏恶气。

牛蒡冲泡饮，能强身健体、滋补调理，因牛蒡中丰富的食物纤维不被破坏，具有一定的轻体瘦身功效。

135 车前草茶有什么功效

车前草茶，别名"观世音草"，东北地区称之为"车轱辘菜"，是一种味道鲜美的野菜。全草和种子都可入药。车前草味甘、性寒，具有清热利尿、明目祛火、凉血解毒的功效。

车前草用开水冲泡5分钟左右，加入适量冰糖或蜂蜜调味即可饮用。车前草茶适合小便不利、肺热咳嗽、肝热目赤、咽痛者饮用。此外，将新鲜车前草捣烂外敷可调理疮疡、虫咬引起的红肿热痛，敷后能够很快好转。

136 刺五加茶有什么功效

刺五加产于东北的山地林间，春天采嫩叶按制烘青绿茶工艺加工，即成刺五加毛茶。刺五加味辛、性温，能益气健脾、补肾安神。

刺五加泡水饮用即为刺五加茶。刺五加茶含多种甙，其中部分甙与人参皂甙有相似生理活性，具有抗疲劳作用，能缓解因脾肾阳虚所致的体虚乏力、食欲不振、腰膝酸软和失眠多梦等身体不适。

137 苦丁茶有什么功效

苦丁茶是我国一种传统的天然保健饮料佳品。苦丁茶非茶科植物的树叶，分大叶苦丁和小叶苦丁两种。

苦丁茶作为保健茶饮历史久远，北宋时为贡品。苦丁茶性寒、味甘苦，有疏风清热、明目生津的功效，能清火、利便，降压减肥、抑癌防癌、抗衰老、活血脉。

苦丁茶不宜常饮，孕产、经期女性不宜饮用，体质虚寒、风寒感冒、脾胃虚寒者均不宜饮用。

138 白茅根茶有什么功效

白茅根茎呈乳白色或黄白色，无须根。白茅根性寒、味甘，能清热生津、凉血止血。

将白茅根用沸水冲泡10分钟左右即可。白茅根茶有清热利尿、凉血止血的功效。血热、水肿、热病烦渴、热淋涩痛者宜饮。糖尿病人慎饮，脾胃虚寒及慢性虚寒性腹泻者忌饮。

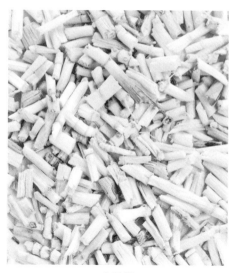

白茅根

139 钩藤茶有什么功效

钩藤为常绿藤本植物，味甘、性微寒，能清热平肝，息风定惊。

钩藤用沸水煮后当茶饮，味道微苦、回甘，能镇静、降压。钩藤茶对高血压所引起的头痛、头晕、失眠、心悸、耳鸣等均有调理作用。

花草茶

140 玫瑰花茶有什么功效

玫瑰花含丰富的维生素以及单宁酸，能排毒养颜，改善内分泌失调，对消除疲劳和伤口愈合有一定帮助。

玫瑰花花蕾干制，用开水冲泡即成玫瑰花茶。适合肝气郁结所致胸胁胀痛、胸膈瞒闷、乳房胀痛和月经不调者饮用，阴虚有火、内热者需慎饮。玫瑰花既可单独作为茶饮，还可搭配绿茶和红枣当茶饮，可去心火，保持精力充沛，增添活力。

玫瑰花

141 月季花茶有什么功效

月季花别名月月红、月月花、长春花。性温、味甘，有活血功效。

用干制的月季花泡茶有淡淡的宜人清香。月季花茶有活血调经、消肿止痛的功效，常被用来调理月经不调、痛经、胸腹胀痛、烦闷呕吐及血热风盛所致的皮肤瘙痒等症。常与玳玳花、玫瑰花、当归、白芍、丹参等共用。

142 桃花茶有什么功效

桃花有利水通便、活血化瘀、美容养颜的功效，可用于水肿、腹水、便秘等症。桃花能够扩张血管，疏通脉络，润泽肌肤，改善血液循环。

桃花采摘阴干后，用开水冲泡5分钟，加入冰糖或蜂蜜即可饮用。适合便秘、水肿、脚气病、经闭及面部有黄褐斑、雀斑、黑斑者饮用。但桃花不宜长期饮用，孕妇及月经量过多的女子忌饮，体虚者慎用。

桃花

143 百合花茶有什么功效

百合的花、鳞状茎均可入药，百合是一种药食兼用的花卉。

用百合花泡茶，饮后有清心安神、清火润肺、改善睡眠的功效，很适合失眠人群。百合花还有助消化的作用，最适合餐后和睡前饮用。适合肺热咳嗽、痰黄稠，或肺燥干咳、无痰或少痰者以及肝火旺、头晕、夜不能寐、多梦者。外感风寒咳嗽及体虚失眠者慎饮。

百合花

金盏花

金银花

144 款冬花茶有什么功效

款冬花别名冬花、款花、看灯花，性温、味辛。将款冬花放入茶壶中，用沸水冲泡，焖十几分钟即可代茶饮用。此茶可润肺下气、止咳化痰，适用于由感冒引起的咳嗽。款冬花与百合相配，可滋阴清热、润肺止咳。

145 金盏菊茶有什么功效

金盏菊别名金盏花、黄金盏、长生菊、醒酒花。金盏菊味淡、性平，有清热解毒、清心润肺、养颜、促进血液循环等功效。

金盏菊花用沸水焖约10分钟，可加蜂蜜调味。此茶有消炎抗菌、清凉降火、退热的功效。感冒时饮用金盏菊茶有发汗、清湿热的作用，有助于退烧。金盏菊茶还有镇静、促进消化的功效。肠胃炎症不适、失眠者适宜饮用。体质虚弱者不宜大量久服，阴虚劳嗽、津伤燥咳者忌用。

146 金银花茶有什么功效

金银花又称忍冬花，常见的有白金银花、红金银花和黄脉金银花等，其中以白金银花的香气最佳。白金银花初开时为纯白色，后逐渐转变为黄色，故名"金银花"。金银花的茎、叶和花都可入药，性微寒、味甘，具有清热解毒、排毒利咽、消炎杀菌、消暑除烦、利尿和止痒的作用。

金银花开花当天的花蕾阴干后即可代茶冲饮。适于中暑、长痱疖、咽喉炎、扁桃体炎者饮用，脾胃虚寒、气虚疮疡脓清者以及女性经期不宜饮用。

147 金莲花茶有什么功效

金莲花别名旱荷、旱金莲、金芙蓉。金莲花有清热解毒、清咽润喉的功效。

金莲花用沸水冲泡成金莲花茶，气浓香，味微苦，适合咽喉肿痛者饮用。金莲花可与菊花、枸杞子、甘草、玉竹等搭配泡茶饮用，效果更佳，味道更纯。金莲花本身性凉，不适合多用，女性经期不适合使用。

148 茉莉花茶有什么功效

茉莉花性温，味辛、甘，有理气、开郁、辟秽、和中的功效。

茉莉花晒干后可直接当作茶用。茉莉花可以促进平滑肌的舒展与收缩，引起肠胃的蠕动，有助于消化、缓和胃痛，缓解腹泻、腹痛。茉莉香气有安定精神的效果，可以稳定情绪、舒缓紧张，让人心情舒畅。

149 洛神花有什么功效

洛神花又名玫瑰茄、山茄，含有丰富的维生素C，具有健胃、消除疲劳、降血压、利尿的功效。

洛神花泡茶饮用，可以清凉降火、生津止渴，对支气管炎和咳嗽有缓解作用，还能改善睡眠。但是，洛神花含有大量的有机酸，所以胃酸过多的人，尽量不要饮用。由于性凉，所以经期、妊娠期的女性不宜饮用。另外，它有利尿作用，因此肾功能不好的人，要适量饮用。

茉莉花

洛神花

150 菊花茶有什么功效

菊花味甘苦、性微寒，有疏散风热、清肝明目、清热解毒等作用，对缓解眼睛劳损、头痛、高血压等均有一定效用。菊花可直接用热水冲泡，也可加少许蜂蜜成菊花茶。适合头昏、目赤肿痛、嗓子疼、肝火旺以及血压高者饮用。

但菊花的性凉，体虚、脾虚、胃寒病者，容易腹泻者慎用。

菊花的品种有很多，湖北大别山麻城福田河的福白菊、浙江桐乡的杭白菊、黄山脚下的黄山贡菊（徽州贡菊）比较有名；产于安徽亳州的亳菊、滁州的滁菊，四川中江的川菊，浙江德清的德菊，河南济源的怀菊花（四大怀药之一）都有较高的药用价值。其中的滁菊、贡菊以生长在高山云雾的琅琊山之中，洁净无污染而著称。

151 菊花中最好的品种是什么

杭白菊产于浙江桐乡县与湖州市，是我国传统的栽培药用植物，是浙江省八大名药材"浙八味"之一，也是菊花茶中最好的一个品种。杭白菊具有健胃、通气、利尿解毒、明目的作用，热饮后全身发汗并感到轻松，是医治感冒的良药，也是老少皆宜的保健饮料。泡饮时每杯放4、5朵干花，香气芬芳浓郁，滋味爽口，回味甘醇，喜爱饮用的人甚多。杭白菊以花朵肥大，色泽洁白，花蕊金黄，较为干燥的为上品。

152 昆仑雪菊茶有什么功效

昆仑雪菊的原产地是新疆喀喇昆仑山脚下的克里阳乡，它有降压、降脂的作用，能清肝明目、益肝补阴、美容养颜、润肠通便、安神。

雪菊冲饮方法简单，既可像绿茶那样直接在茶杯中冲泡，也可以像红茶或普洱那样用茶壶冲泡。如果是失眠者，可每天用开水冲泡上3~5克，有较好的调理作用。如作为高血压、高血脂的调理，一次取5~8朵冲泡即可。高脂血症者，用15克到20克泡饮，可帮助降低血脂。

| 菊花 | 红花 | 洋甘菊 |

153 红花茶有什么功效

红花别名红蓝花、刺红花、草红花。人们常把红花和藏红花混为一谈，其实二者是不同种植物。红花是菊科植物，而藏红花是鸢尾科植物。药材红花用的是细管状的花瓣，藏红花则是取雄花蕊；红花活血，藏红花的活血效用更强，也比较昂贵。

红花气微香、味微苦、味辛、性温。将5克红花用沸水冲泡3分钟左右即可饮用。红花茶有活血通经、祛瘀止痛的功效，能够有效改善痛经、月经不调、更年期障碍等妇科疾病症状。

154 甘菊茶有什么功效

甘菊别名洋甘菊、德国甘菊、罗马甘菊。甘菊有很多种，用来泡茶的代表性品种有罗马甘菊和德国甘菊，罗马甘菊有微苦的芳香，德国甘菊有苹果般的甜香，味苦、辛，性微寒。

用甘菊泡水饮用，可以改善头痛、偏头痛、失眠问题，还能缓解因为感冒而引起的肌肉疼痛，其所含的清凉成分可以有效减轻发热症状。此外，甘菊茶能明目、退肝火、镇定安神、改善失眠，还可抗过敏、抗忧郁。冲泡过的冷茶包可以敷眼睛，舒缓眼部疲劳，更可以帮助去除黑眼圈。甘菊还可与薰衣草、玫瑰等搭配成茶饮饮用。

155 薰衣草茶有什么功效

薰衣草别名香草、灵香草，被认为是最具有镇静、舒缓、催眠作用的植物之一，它可以舒缓紧张情绪、镇定心神、平息静气、增强记忆力，对紧张和压力引起的失眠很有效。它还能促进细胞再生、平衡油脂分泌、改善疤痕、抑制细菌生长。

薰衣草焖泡5~10分钟即可，加冰糖味道更佳。此茶香味芬芳浓郁，滋味甘中微苦。薰衣草对风寒引起的疼痛、水肿、阵痛等有良好的缓解效果。用薰衣草制作的薰衣草精油是使用率最高、适用于小孩、可以直接少量涂于皮肤上的最安全的芳香精油之一。

156 马鞭草茶有什么功效

马鞭草，别名防臭木、香水木，有柠檬的香气，性微寒。有清热解毒、活血散瘀、利水消肿的功效，可利尿、减肥、松弛神经、缓解疲劳。

马鞭草用沸水冲泡3分钟左右，茶汤温凉后可依个人口味加入蜂蜜调味。马鞭草茶适合支气管炎、鼻塞、喉咙痛、消化不良等症者饮用，能减缓静脉曲张和腿部水肿，并有助消化及改善胀气的作用，此外，它还可缓解偏头痛，调节女性经期不适。需注意，长期或大量饮用可能会刺激肠胃。

在法国、西班牙等地，马鞭草茶是最受喜爱的花草茶之一，有"花草茶女王"的美誉。它清爽的柠檬香气能安抚亢奋的神经，增加活力，而且会使口气清新。马鞭草几乎能和所有的花草搭配成花草茶，常用于排毒、轻体、瘦身、安神、纾压，是日常DIY调配复方花草茶的主要材料之一。

薰衣草

马鞭草

薄荷

柠檬草

157 薄荷茶有什么功效

薄荷，别名夜息香、野薄荷、鱼香草。薄荷性凉、味甘辛，为疏散风热的常用植物，对风热感冒有一定的疗效。

薄荷叶洗净后用沸水冲泡3分钟左右，茶汤降温后可根据个人口味加入冰糖或蜂蜜。薄荷有疏散风热、清利头目、利咽透疹、疏解肝郁的作用，它是调理发热的"专家"，可以散热去火。还可助消化、提神醒脑、缓解压力。薄荷芳香辛散，发汗作用较强，故表虚多汗者不宜使用，阴虚血燥者忌服。

薄荷的品种有很多，常用来泡茶的有欧薄荷、绿薄荷和苹果薄荷等。欧薄荷有辛辣味，有强烈的清凉感，如果平时吃得过于油腻或过多，可以用欧薄荷泡茶来缓解；绿薄荷比欧薄荷温和，有甜味，最适合泡冰茶；苹果薄荷的香味带有苹果的甘甜和薄荷的清凉，可以直接用其新鲜叶子泡茶。夏天饮薄荷茶，可使头脑清醒振奋。牙痛、喉咙不舒服时喝薄荷茶会感觉很舒服，而且也能让口气变得清新。

158 柠檬草茶有什么功效

柠檬草，别名柠檬香茅、香茅草。柠檬草有健脾健胃、利尿解毒的功效，有杀菌作用，有助于缓解腹痛、腹泻、头痛等症。

用柠檬草焖泡即成柠檬草茶。柠檬草茶还有刺激胃功能、助消化的作用，适合饭后饮用。平时饮用此茶，可预防疾病，增强免疫力。柠檬草茶还可以提振情绪，缓解抑郁心情。需注意，孕妇忌服。

159 槐花茶有什么功效

槐花别名槐蕊，味苦、性微寒，有淡淡的清香。一般用夏季未开放的花蕾干制成的称为槐米；花开放时采收的花干制成的称为槐花。槐花生用可清肝泻火。

将槐花放入杯中，开水焖约10分钟，加适量冰糖即可制成槐花茶。槐花茶有清肝明目、清热凉血的功效，头晕目眩、烦躁易怒者适饮。

160 勿忘我花茶有什么功效

勿忘我是紫草科勿忘草属的植物。勿忘我味甘、寒，入肝、脾、肾经，能清心明目、滋阴、养血，促进机体新陈代谢。

勿忘我用沸水冲泡3分钟左右即可饮用。勿忘我花茶能缓解女性生理问题，缓解头疼，常与菊花、玫瑰花共用。孕妇忌饮。

161 千日红茶有什么功效

千日红因能长期保持原有的花形和颜色得名。千日红味甘、性平，具有清肝明目、消肿散结、止咳定喘、美容养颜、活血通经等功效。

千日红用沸水冲泡3分钟左右即可饮用。千日红花茶为赏心悦目的嫩粉色，可用于调理慢性支气管炎及哮喘性慢性支气管炎。千日红不适合搭配其他的花草饮用，且孕妇忌饮。

勿忘我

千日红

162 玉蝴蝶茶有什么功效

玉蝴蝶也叫木蝴蝶、白玉纸，是柴葳科植物玉蝴蝶的种子，以干燥、色白、种仁饱满、翅大、柔软如绢者为好。蝴蝶能清肺利咽、美白、减肥。

玉蝴蝶泡水饮用，能促进机体新陈代谢，清肺热、利咽喉。常与胖大海、三七花共用。

163 甜菊叶茶有什么功效

甜菊叶为鲜叶干制而成。菊的叶子含有甜味物质"甜菊素"，甜味重、热量低，是一种甘味料。甜菊叶味甘、性平，能生津、止渴、降压。

甜菊叶泡饮即成甜菊叶茶，能助消化、滋养肝脏、调理血糖、减肥养颜，适合追求低热量、低糖、低碳水化合物、低脂肪饮食者饮用。

164 迷迭香茶有什么功效

迷迭香是一种灌木，叶子带有茶香，其独特的芳香具有激活大脑的功效，能增强记忆、提神醒脑、缓解头痛。

迷迭香干制泡饮即成迷迭香茶。迷迭香茶适合眩晕及紧张性头痛者饮用，对疲劳综合征、亚健康等有调理作用。因其具有一定刺激性，胃寒胃痛、慢性腹泻者慎饮，孕妇、高血压、癫痫症患者忌饮。

玉蝴蝶　　　　　　　甜菊叶　　　　　　　迷迭香

荷叶　　　　　　　　　菩提叶　　　　　　　　　紫苏叶

165 荷叶茶有什么功效

荷叶用鲜荷叶干制而成，有降血脂、降胆固醇的作用，可有效阻止脂肪的吸收，适合单纯性肥胖者饮用。

荷叶泡饮，有清热解暑、凉血止血的功效，适合中暑、暑热泄泻者饮用。另外荷叶中富含黄酮类化合物，具有很强的抗氧化性，可防治心血管疾病。饮荷叶茶还可以润肠通便，有利于排毒。体瘦气血虚弱者慎饮荷叶茶。荷叶不可与桐油、茯苓、白银同用。

166 菩提叶茶有什么功效

菩提叶用菩提树的叶子干制而成，富含维生素C和生物类黄酮，能安神、助消化、利小便和促进新陈代谢。

菩提叶干制后泡饮即成菩提叶茶。菩提叶茶具有安神镇静、改善睡眠的功效，还能促进排毒、轻体减脂。

167 紫苏叶茶有什么功效

紫苏常见的有两种：白苏和紫苏。药用多取紫苏。紫苏能解表散寒、行气和胃。

紫苏泡饮即为紫苏茶，适合风寒感冒、咳嗽呕恶、妊娠呕吐等症者饮用。温病及气弱表虚者忌服。

桑叶　　　　　　　　　　　　　　马郁兰

168 桑叶茶有什么功效

桑叶取初霜后桑树的树叶晒干制成。桑叶性寒、味甘、苦，能疏散风热、清肺润燥、清肝明目。

桑叶泡饮，适合风热感冒、咳嗽、头痛、咽痛、目赤肿痛、见风流泪者饮用。常搭配牛蒡、麦冬、菊花、决明子等。

169 马郁兰茶有什么功效

马郁兰具有特殊香气，有利尿、解痉、增强食欲，缓解头痛、失眠等作用。马玉兰泡饮，可以纾解紧张情绪，促进消化吸收。

170 柿叶茶有什么功效

柿叶茶是用柿叶为原材料加工精制而成的保健饮品。柿叶中含有单宁、胆碱、蛋白质、矿物质、糖、黄酮等对人体有益的物质，特别是维生素C含量丰富。柿叶茶有通便利尿、净化血液、抗菌消肿等多种保健功能。

柿叶茶不含茶碱和咖啡因，晚上饮用还可安神，提高睡眠质量。

171 什么是竹叶茶

竹叶茶是以竹叶为原料制作的茶。竹叶含三萜类物质、芦竹素、白芳素等。

用竹叶泡茶，其味清香可口，其色微黄淡绿，其汤晶莹透亮，具有生津止渴、清热解毒、解暑、利尿等功效。

其他特色健康茶

172 大麦茶有哪些功效

大麦茶是将大麦炒制后再沸煮而得，是中国、日本、韩国等民间广泛流传的一种传统清凉饮料，把大麦炒制成焦黄，饮用前，只需要用热水冲泡2～3分钟就可浸出浓郁的麦香。喝大麦茶不但能开胃、助消化，还有助于减肥。

大麦茶味甘性平，益气和胃，含有"消化酵素"和多种维生素，适用于病后胃弱引起的食欲不振。大麦茶含有人体所需的微量元素、氨基酸及不饱和脂肪酸、蛋白质和膳食纤维，能增进食欲，暖肠胃。许多韩国家庭都以大麦茶代替饮用水。

173 小麦茶有哪些功效

把小麦洗净晾干，用中火炒制变黄焦香，晾干后冲泡，即成小麦茶。

小麦茶味甘性平，有平胃止渴，消渴除热、益气调中、宽胸下气、消积进食等功效。还能去油腻、健脾、利尿、调理冠心病等。

把小麦茶放入壶内直接冲泡或煮5~10分钟，然后倒入茶杯饮用。夏天也可以把泡好的小麦茶放进冰箱当解暑饮料。

174 什么是冬瓜茶

冬瓜茶是以冬瓜和糖为原料，长时间熬煮制成的。冬瓜茶在台湾已有百年饮用历史，它与甘蔗汁、青草茶堪称台湾三大冰饮。

冬瓜茶原料取用容易，价格平实，具有清热解毒、生津止渴、清肝明目的功效，因此深受人们喜爱。

175 什么是仙草茶

仙草茶是用经过加工的仙草冲泡得来的。仙草又名仙人草、仙人冻、凉粉草，性味甘、淡，是一种重要的药食两用的东方植物资源。

仙草茶具有清热利湿，凉血解暑，解毒等功效。适合儿童、青少年、老人、久病体虚的人饮用，但忌空腹饮用。阴虚体质者慎用。

176 蜜茶有什么功效

用沸水冲泡茶叶，待水温降至60℃以下再调入蜂蜜及葡萄糖饮用。

茶叶能促进消化，生津止渴；蜜糖可补充钙、铁、镁、锌等微量元素及维生素C、维生素B_2和乳酸、氨基酸等，而且能改善消化和代谢状况，润肺益肾，治疗便秘；在炎热的夏天适当补充葡萄糖也是十分必要的。但因蜂蜜内的营养物质会被高温破坏，所以调入蜂蜜时水温不宜超过60℃。

177 什么是糯米香茶

糯米香茶用一种草本植物制成，这种植物产于西双版纳森林中，高不足半米，外形似小草，无花无蕾，叶片散发出浓浓的糯米香气，故名"糯米香草"。将糯米香草采叶晒干后泡饮即成糯米香茶。

糯米香茶香气浓郁，滋味甘醇，饮后让人顿感身心爽快，茶中有多种芳香成分和对人体有益的氨基酸，具有清热解毒，养颜抗衰，调理小儿疳积和妇女白带的功用。

178 什么是松针米茶

鲜松针叶经切断、揉捻、水浸、糖渍、炒干再加炒米即成松针米茶。

采摘树龄5年以上，树高3米以上，生长环境洁净的松树的松针制作松针米茶。松针含蒎烯、乙酸龙脑酯、维生素等，及磷、铁、钙等无机盐成分。用糯米或粳米淘净沥干后，放在锅内炒香，制成炒米。将炒米与松针茶拼配，即成为香气浓郁、滋味爽口的松针米茶。

取松针米茶，焖或煮后饮用。饮用松针米茶可强健骨骼，调节心肌功能，降低胆固醇，还可缓解风湿痛、牙痛有环节作用。

179 什么是博士茶

博士茶（波士茶），是用产自南非塞德伯格山脉的一种名为ROOIBOS的针叶灌木的叶子精制而成，音译为"博士茶"，是目前时尚的纯天然草本植物饮品。

博士茶不含咖啡因，含丰富的抗氧化剂——黄酮类化合物，有助于睡眠、缓解疲劳、保持精力充沛，适合过敏、头痛、失眠、神经紧张、轻微抑郁症及高度紧张的人饮用。博士茶含的抗氧化成分有助于延缓衰老，增强系统免疫力。博士茶还能补充人体微量元素、防止骨质疏松、加强人体代谢功能。

180 什么是雪茶

雪茶别名地茶、太白茶、地雪茶，是野生地衣类植物，不能人工栽培。因其形似白菊花瓣，洁白如雪而得名。雪茶重量极轻，出产于云南丽江玉龙雪山等高寒地区的高山上。

雪茶单独用开水泡饮，或加在茶叶里泡饮均可，它清纯爽口，味略苦而甘，是难得的保健饮品，有清热生津、醒脑安神、降血压、降血脂等功效。雪茶分为白雪茶和红雪茶两种。

181 什么是茅岩莓茶

茅岩莓是一种藤本植物，最大特点是表面有一层天然植物霜。

用茅岩莓泡茶饮用，对预防心脑血管疾病大有益处。茅岩莓中的黄铜含量较高，此外富含氨基酸和多种微量元素，能清热解毒、润喉止咳、提高人体免疫力，还能帮助调节血脂，对咽炎、上呼吸道感染、心脑血管疾病等有一定预防作用。

182 什么是锅巴茶

锅巴茶也叫饭饮汤。烧饭时将紧贴锅壁一层的饭焖足火，使之结成锅巴，加水煮开即成锅巴茶。锅巴茶吃起来又香又爽口，如再加一点糖饮用，滋味更佳。

锅巴茶健脾养胃、助消化，适合久病脾虚、脘部胀满不适的人饮用。

183 什么是玉米须茶

玉米须茶是用玉米须制作的一种茶饮料，取玉米须，用热水冲泡后饮用即可。

玉米的花柱（玉米须）性味甘平甜和，含有大量营养物质和药用物质，如酒石酸、苹果酸、苦味糖苷、多聚糖、β-谷甾醇、豆甾醇等。自古以来，玉米须在中国就有较为广泛的应用，玉米须具有清热消暑、止血、利尿的功效，有一定的减肥作用，还可降低血糖，适用于糖尿病的辅助治疗。中国南方就常用玉米须加瘦猪肉煮汤调理糖尿病。此外，中国民间很多偏方中也有类似的用法，用玉米须泡水饮用，或将玉米须煮粥食用，都有不错的效果。

184 什么是银杏茶

银杏又名白果，是世界上唯一不进化的树种，素有"长生树"之称。银杏茶的原料银杏叶也是古代的珍奇天然药物保健资源，含有银杏酮类、萜苦内酯类等对人体有益的多种营养成分。

银杏茶用银杏树叶加工制成，用沸水冲泡饮用，口味醇厚，微苦后甘，色香味俱佳。银杏茶具有降压、降脂的作用，能调理心血管疾病，增强机体免疫力，延缓衰老，尤其适合中老年人。

185 什么是虫茶

虫茶，是昆虫食树叶叶后排泄的颗粒泡制的奇特饮料——虫茶不是茶叶，也不是其他的植物叶子所制，而是一种昆虫的分泌物。可生产虫茶的昆虫有多种，"化香夜蛾"最为出名的。此虫属鳞翅目，夜蛾科，分布在海拔500～1000米的山地，喜食腐熟的化香树叶。在初冬采集它的分泌物，将其晒干，便是虫茶。虫茶主要产在贵州、湖南、广西部分地区，三地各有特点，贵州黔东南虫茶产量第一，质量最优。

虫茶茶色墨绿，含单宁及维生素等成分，开水冲泡后香味浓郁，能提神醒脑、消除疲劳，具有消食、降暑、解渴之功能，对牙、痔出血及腹泻有较好的调理作用。虫茶经多年陈化后，口味更醇和，药性更温和。虫茶则能提神醒脑、消除疲劳，对牙、痔出血及腹泻有很好的疗效。

186 什么是广东凉茶

广东属于亚热带季风性气候，同时广州人爱吃、会吃，因此难免上火，于是饮凉茶成了广东人的生活习惯。除广东外，广西、福建等地也有喝凉茶的习惯。

凉茶，是将药性寒凉和能消解内热的中草药煎水作饮料喝，以消除夏季人体内的火气、暑气，或冬日干燥引起的喉咙疼痛等疾患。传统的广东凉茶需要二十多味药材，在砂锅里慢火熬制出来。严格意义上来说，凉茶更像是药，老广东人一有头疼脑热、咽喉肿痛，第一反应就是来一杯凉茶。凉茶品种甚多，有王老吉凉茶、三虎堂凉茶、黄振龙凉茶、大声公凉茶、石歧凉茶、廿四味凉茶、葫芦茶、健康凉茶、金银菊五花茶、苦瓜干凉茶等；甚至连龟苓膏汤、生鱼葛菜汤、红萝卜竹蔗水等，也成为广州人喜爱的传统老牌凉茶。

187 西北的八宝茶是怎么冲泡的

八宝茶，也称"盖碗子"，是甘肃及宁夏回族自治区的待客茶水。

用"三炮台"（盖碗），碗里以茶叶为底，掺有白糖（或冰糖）、枸杞、红枣、核桃仁、桂圆肉、芝麻、葡萄干、苹果片等冲泡的八宝茶喝起来香甜可口，滋味丰富，并有滋阴润肺、清嗓利喉、滋补益智之功效。八宝茶需要用滚开的水冲泡，这样每种配料才能在不同的时段释放出不同的滋味。现代城市茶馆内饮八宝茶已很普遍。

188 姜枣茶怎样冲泡

姜枣茶是用生姜、红枣煎煮作茶饮。姜枣茶具有温中散寒、止呕、回阳通脉、补血正气、燥湿消炎的功效。饮用姜枣茶后能促使血管扩张，全身有温热感，具有强心作用，能促进消化，增加肠蠕动，保护胃黏膜，对胃溃疡有明显抑制作用。姜枣利胆、镇痛、解热、抗炎、抗菌、抗流感及上呼吸道感染。对防治风湿性关节炎，腰肌劳损有较强的效果。此方可长期饮用。

189 饮用保健茶饮应注意什么

首先，客观、平和地看待健康茶饮。健康茶饮不是包治百病的灵药，健康茶饮对调理体质，轻身养颜，调理小病、慢性病的症状和预防疾病具有一定作用，但身体出现急症应尽快就诊。

其次，花茶搭配种类越多，其功效越多，对身体造成不良影响的可能性也越高。要根据个人身体情况选择花草茶，应先清楚自己的体质和病因，并听从医生的建议，花草茶混搭的种类不宜过多。

第三，茶材用量，泡饮一般3~5克，用煮饮等方法制作茶饮时茶材用量稍大，依据材料耐泡程度，冲泡、焖泡或稍煮后饮用。

第四，饮用保健茶前最好咨询医生，饮用中应认真观察自己的身体反应，有不适感应立即停饮。

最后，大多数女性的体质都偏凉，一些比较寒凉的花草茶在上火时喝两三天即可，以免养生不成反而伤胃。使用干花或中草药的茶饮都不宜长期饮用。无论是剂量过大还是服用时间过长，都可能引发不良反应。

因此，饮用保健茶应依据个人身体情况，适时、适量，不应连续长时间饮用。

常用小茶方

当感到疲劳、紧张，

或有点小上火、小感冒，

或想调肠胃、去脂减肥，

就给自己泡一杯调理茶，

温和地调养身体。

提神醒脑茶饮

190 如何冲泡薄荷绿茶

薄荷2克、绿茶3克、白糖或蜂蜜适量。将薄荷叶洗净、沥干备用。茶壶中放入绿茶，薄荷及白糖或蜂蜜，以热水冲泡、拌匀调化，即可饮用。

功效 / 提神醒脑、缓解压力、消除疲劳，使人感觉焕然一新。还可以清新口气，润肠通便、美容护肤。

薄荷绿茶

191 如何冲泡薄荷菊花茶

菊花3~5朵，薄荷2克，放入茶杯中，加盖冲泡5~10分钟即可。

功效 / 清热解毒、缓解疲劳，清凉提神，不仅能清爽心神、缓解压力，还能消除牙龈肿痛，使口气清新、齿颊留香。

192 如何冲泡薄荷蜂蜜茶

薄荷5克，蜂蜜适量。将薄荷放入杯中，冲入开水泡3~5分钟，调入适量蜂蜜即可饮用。

功效 / 清利头目、提神醒脑。

薄荷菊花茶

薄荷甘草茶

193 如何冲泡洛神薄荷茶

洛神花3朵、薄荷叶2片。将洛神花和薄荷叶用沸水一起泡3分钟左右即可饮用。

功效 / 消暑、提神醒脑。

194 如何冲泡菊花洋参茶

干菊花4、5朵、西洋参片5克。将西洋参、菊花一起放入茶器中，加入适量热水，加盖焖泡10～15分钟即可饮用。

洛神薄荷茶

功效 / 驱除疲劳，提高人体免疫力，祛火明目，提神醒脑。不要与茶叶、咖啡、萝卜共食。

195 如何冲泡菩提薰衣草薄荷茶

薰衣草3克，菩提叶2克，薄荷2克，蜂蜜适量。将薰衣草、菩提叶、薄荷用沸水冲泡，加盖焖约5分钟，倒入杯中备用。待水降温后，将蜂蜜放入茶汁中调匀，即可饮用。

功效 / 镇定心情、舒缓情绪，缓解失眠，放松神经，可以疏散风热、清利头目。适合心焦烦躁、容易上火者饮用，体虚多汗者及孕妇不宜饮用。

感冒调理茶饮

196 如何冲泡山楂菊花茶

山楂干5克，菊花2克。将山楂、菊花放入杯中，用沸水直接冲泡饮用。

功效 / 清热、去火。

197 如何制作山楂甘草茶

山楂30克，茶叶3克，甘草6克。以上几味加水500毫升，煎至300毫升，取汁即成。每日2次，不定时徐徐饮服。

功效 / 可清热解毒、利咽止痛。适用于防治慢性咽炎。

山楂菊花茶

198 如何冲泡决明子菊花茶

决明子3克，槐花3克，白菊花4克。将所有材料一起用沸水冲泡即可饮用。

功效 / 清热、降暑，适合夏天饮用。

199 如何冲泡三花清暑茶

白菊花、金银花、扁豆花各20克。开水冲泡代茶饮。

功效 / 清暑湿、解热毒。

200 如何冲泡蜂蜜莲心茶

莲心2克，蜂蜜适量。将莲心放入杯中，冲入沸水焖泡5分钟。待水温后，加入适量蜂蜜，搅拌均匀即可饮用。

功效 / 清心去热，消暑除烦，降脂安神，生津止渴。适合夏季气闷瘀积、心火旺盛者饮用，女性经期、产后不宜饮用。

201 如何冲泡甘草莲心茶

莲心3克，甘草2克。莲心、甘草放入杯中冲入沸水，焖泡5分钟即可饮用。

功效 / 去火消暑，生津止渴，清热解毒。适合食欲不振、手足心热、口渴咽干者饮用，大便干结、腹部胀满者不宜饮用。

202 如何冲泡菊柠勿忘我茶

菊花2克，勿忘我2克，柠檬2克。将菊花、勿忘我和柠檬片清洗一下放入杯中，冲入沸水，盖盖焖泡3、4分钟，温饮即可。

功效 / 清热解毒、解暑清肠，清火明目。适合夏季湿热、肝火旺盛者饮用，胃酸多者不宜过量饮用。

203 如何冲泡金银花蜜茶

金银花5克，蜂蜜适量。将金银花冲洗一下放入杯中，用沸水冲泡，盖盖焖泡10分钟，调入蜂蜜搅拌均匀即可。

功效／清热解毒，消炎止痒，清泄心火，预防感冒。适合风热感冒、发热头痛及口渴者饮用，脾胃虚寒、气虚者不宜饮用。

204 如何冲泡金银花甘草凉茶

金银花3克，大青叶3克，生甘草2克。将金银花、大青叶、生甘草放入杯中，冲入适量沸水，焖泡10分钟后即可饮用。

功效／清热解毒，疏散邪热，消暑除烦，补脾益气。适合疲乏无力、湿热烦渴者饮用，脾胃虚寒者、女性月经期间不宜饮用。

205 如何冲泡白芷三花茶

白芷3克，菊花3朵，金银花3克，茉莉花3朵，冰糖适量。白芷和菊花、金银花、茉莉花冲入沸水，焖5分钟，加入冰糖饮用。

功效／清热解毒、祛除青春痘。

206 如何冲泡白芷当归茶

白芷3克，当归3克，绿茶3克。将白芷、当归用沸水焖泡5分钟。用汤水冲泡绿茶，即可饮用。

功效／化湿解毒、活血养血。

白芷当归茶

207 如何冲泡薄荷马蹄茅根茶

茅根5克，马蹄3个，薄荷叶3克。将马蹄洗净去皮切片，与茅根、薄荷叶一起放入茶杯中。倒入适量沸水，盖盖焖泡10分钟左右即可饮用。

功效 / 除内热，利尿、止血、抗菌消炎，清热润肺、生津消滞。适合热病烦渴、胃热呕吐者饮用，脾胃虚寒者不宜饮用。

208 如何冲泡白茅根茶

白茅根5克，绿茶3克。将白茅根去须根洗净，与绿茶一起用沸水冲泡5分钟左右即可饮用。

功效 / 清热解毒、利尿。

209 如何冲泡菊花茅根茶

野菊花、白茅根各5克。将白茅根切碎，与野菊花一同放入杯中，冲入沸水，加盖焖10～15分钟，调入白糖，代茶饮用。

功效 / 清热解毒、利尿消肿。风热咳嗽者适饮。

白茅根茶

210 如何冲泡绞股蓝绿茶

绞股蓝5克，绿茶3克。将绞股蓝、绿茶一起用沸水冲泡3分钟左右即可饮用。

功效 / 清热解毒。

211 如何冲泡茉莉金银菊花茶

茉莉花4克，金银花3克，菊花2朵。将茉莉花、金银花、菊花放入杯中，冲入开水，3～5分钟后即可饮用。

功效 / 清热解毒、和中理气。适合因胃火引起牙痛者饮用。体质寒凉、胃肠不好的人忌用。

茉莉金银菊花茶

212 如何冲泡金银茉莉茶

金银花4克，茉莉花2克，糖适量。将金银花、放入杯中，冲入开水，3～5分钟后加入适量糖即可饮用。

功效 / 清热解毒、解暑去燥。

213 如何制作蒲公英甘草绿茶

蒲公英5克，绿茶5克，甘草2克，蜂蜜适量。将甘草与蒲公英加水，煮10分钟。以汤汁冲泡绿茶，稍凉加入适量的蜂蜜，搅拌均匀，即可饮用。

功效 / 清热解毒、消肿散结。

蒲公英甘草绿茶

214 如何冲泡金银花蒲公英茶

金银花、蒲公英各5克。二者放入杯中，用开水焖泡3分钟即可饮用。

功效 / 清热泻火，消肿散结。适合热毒内盛导致口舌生疮、咽喉肿痛者饮用，脾胃虚寒者不宜饮用。

215 如何制作生地蒲公英茶

生地5克，蒲公英3克，绿茶3克。先将生地、蒲公英放砂锅里用500毫升水煎煮。用汤汁冲泡绿茶，即可饮用。

功效 / 清热、解毒、凉血。

216 如何冲泡菊花金银花茶

菊花5朵，金银花3克，冰糖适量。将菊花、金银花冲入开水，根据口味添加冰糖即可饮用。

功效 / 清热，退火。

217 如何冲泡甘草金银花茶

甘草5克，金银花3克，绿茶2克。将甘草和金银花用沸水焖泡几分钟，再将绿茶放入，泡几分钟即可饮用。

功效 / 清热解毒。

甘草金银花茶

生地蒲公英茶

218 如何制作甘草板蓝根茶

甘草15克，板蓝根5克。将甘草、板蓝根加适量水煎煮10分钟，去渣取汁，代茶饮用4、5天。

功效 / 消暑、解毒。

219 如何冲泡甘草茶

甘草5克，绿茶3克。将甘草、绿茶用沸水冲泡即可饮用。

功效 / 清热解毒、祛痰止咳。

甘草茶

220 如何制作甘草天冬茶

甘草3克，绿茶2克，天冬10克。将甘草、天冬用沸水焖泡。用汤汁来冲泡绿茶，即可饮用。

功效 / 生津润肺、可缓解肺气肿、干咳。

甘草天冬茶

221 如何冲泡鱼腥草茶

鱼腥草5克，薄荷2克，甘草2克。将鱼腥草、薄荷、甘草用沸水冲泡5分钟左右即可饮用。

功效 / 清体热、解毒素、生津止渴。

鱼腥草茶

金盏花马鞭茶　　　　　　　　　薄荷藿香茶

222 如何冲泡金盏花马鞭草茶

金盏花5克，马鞭草3克，蜂蜜适量。将金盏花、马鞭草用沸水冲泡3分钟左右。稍凉后可依个人口味加入蜂蜜，搅拌均匀饮用。

功效／清热解毒。

223 如何冲泡金盏花薄荷茶

金盏花5克，薄荷3克。将金盏花、薄荷用沸水冲泡3分钟左右即可饮用。

功效／清凉降火，解毒。

224 如何冲泡薄荷藿香茶

薄荷2克，藿香3克，绿茶3克。将薄荷、藿香和绿茶一并置于杯中，冲入适量沸水。焖泡5分钟左右即可饮用。

功效／清热解暑，化湿理气。

225 如何冲泡胖大海甘草茶

胖大海2颗，桔梗5克，甘草3克。将胖大海、甘草和桔梗一同置于茶杯中，注入开水冲泡，加盖焖约15分钟，即可饮用。

功效 / 可清肺化痰、利咽开音、清热解毒。适合肺热型咳嗽、咽喉肿痛、声音嘶哑者饮用。

226 如何冲泡胖大海绿茶

胖大海2颗，绿茶3克，冰糖适量。将胖大海、绿茶一同放入杯中，冲入沸水，3分钟后加入适量冰糖即可饮用。

功效 / 清热润肺、解毒、利咽。

胖大海绿茶

227 如何冲泡胖大海橄榄茶

胖大海、橄榄各2颗，冰糖适量。将胖大海、橄榄放入杯中，用沸水冲泡，3分钟后加入适量冰糖即可饮用。

功效 / 利咽、清肺。

228 如何冲泡胖大海玉竹茶

胖大海2颗，玉竹3克，冰糖适量。将胖大海、玉竹一同放入杯中，用沸水冲泡，3分钟后加入适量冰糖即可饮用。

功效 / 清热、养阴、生津。

胖大海玉竹茶

229 如何冲泡玉蝴蝶胖大海茶

玉蝴蝶2片、胖大海1颗，甜菊叶3片。将玉蝴蝶、胖大海、甜菊叶用沸水冲泡3分钟左右即可饮用。

功效／清香爽口、清咽润喉。

230 如何冲泡玉蝴蝶罗汉果茶

玉蝴蝶4片、罗汉果1/4个，薄荷叶2克。将玉蝴蝶、罗汉果、薄荷叶用沸水冲泡3分钟左右即可饮用。

功效／护嗓、利咽、美音、润喉。

玉蝴蝶罗汉果茶

231 如何冲泡双根大海茶

板蓝根5克，山豆根5克，甘草5克，胖大海1颗。用沸水冲泡，加盖焖20分钟后即可当茶水饮用。每日1剂。

功效／有清热、解毒、利咽的作用，适用于慢性咽炎和咽喉疼痛明显者。

232 如何制作清音茶

胖大海2颗，蝉衣3克，石斛5克。水煎代茶饮。

功效／养阴润喉、利咽治喑，适用于慢性咽炎伴有声音嘶哑者。

233 如何制作清咽茶

干柿饼10～15克（勿洗），罗汉果10克（或1个），胖大海1颗。将柿饼放入小茶杯内盖紧，隔水蒸15分钟后切片备用。罗汉果洗净捣烂，与胖大海、柿饼同放入陶瓷茶杯，沸水冲入，焖5分钟后饮用或含服。

功效／清咽止痛，止咳消肿。咽喉炎、喉痛音哑、咳嗽、便秘等症者可用。

234 如何冲泡治慢性咽炎茶

杭白菊1.5克、麦冬3克、生甘草3克、胖大海2颗，四味合成一包。将茶料一包放入茶杯中，倒入开水冲泡，当茶饮服，一包药冲泡3~4杯水，每日用1包。

功效／清热解毒，清肺、清心润肺，养阴清热、利咽润喉。

235 如何冲泡桑菊杏仁茶

桑叶10克，菊花10克，杏仁10克，冰糖适量。将杏仁捣碎后，与桑叶、菊花、冰糖共置保温瓶中，加沸水冲泡，约焖10分钟，即可当茶水饮用，每天1杯。

功效／清热疏风、化痰利咽。

236 如何冲泡罗汉果薄荷茶

罗汉果1/4个，薄荷3克。先将罗汉果去壳取瓤，再将罗汉果、薄荷一同用沸水焖泡2~3分钟后即可饮用。

功效／生津润燥、利咽润喉。

罗汉果薄荷茶

237 如何冲泡罗汉果乌梅茶

罗汉果1/4个，乌梅1、2个。先将罗汉果去壳取瓤，再将罗汉果、乌梅一同放入杯中用沸水泡3分钟后即可饮用。

功效／清肺、利咽生津。

罗汉果乌梅茶

238 如何冲泡连翘绿茶

连翘5克，绿茶3克，将连翘、绿茶用沸水冲泡3分钟左右即可饮用。

功效／清热、解毒、理气，舒缓紧张情绪。

239 如何冲泡绿豆糖茶

绿豆沙30克，绿茶6克，糖适量。绿茶用90℃沸水冲泡，3分钟后取茶汁。加入绿豆沙、适量的糖，搅拌均匀，即可饮用。

功效／清热消暑，利水、解毒。适宜暑热烦渴、高血压、热性体质者饮用。脾胃虚寒、泄泻者禁服。体质虚弱、寒性体质及正在吃中药的人不宜饮用。

240 如何冲泡白芷紫苏茶

白芷4克，紫苏叶5克，绿茶5克。将白芷、紫苏叶、绿茶用沸水冲泡，即可饮用。

功效／祛风散寒。适用于冬季风寒引起的感冒、鼻塞、流清涕。

连翘绿茶

绿豆糖茶

241　如何制作桂枝陈皮姜茶

陈皮5克，桂枝4克，生姜3片，杏仁5克，红枣10克，绿茶5克。将陈皮、桂枝、生姜、杏仁、红枣共同置于砂锅中，加入适量水煎煮20分钟左右后，取汤汁冲泡绿茶，即可饮用。

功效／止咳驱寒。适用于冬季流行性感冒引起的鼻塞、咳嗽。

242　如何冲泡陈皮甘草姜茶

陈皮5克，生姜1片，甘草5克。将陈皮、生姜、甘草洗净后放入杯中。冲入适量沸水后焖泡10分钟即可饮用。

功效／理气健脾，燥湿化痰，发汗散寒，清热解毒，润肺止咳。适合冬季感冒、胃脘胀满者饮用。气虚体燥、阴虚燥咳、吐血及内有实热者不宜饮用。

243　如何制作姜茶

茶叶7克，生姜10片，将去皮的姜片与茶叶煮成汁，饭后饮服。

功效／可解表散寒、温肺止咳、温中止呕，可防治流感、伤风、咳嗽。

244　如何制作姜葱茶

生姜、葱白、茶叶、红糖各适量。生姜洗净切片，葱白洗净切碎。将姜葱放进锅，开大火煮滚后改小火再煮约10分钟，放红糖搅拌至溶后关火。

功效／发汗解表，祛风散寒，解毒散结，适合因天气转凉引起的头痛感冒。

245 如何冲泡桑叶姜茶

桑叶9克，生姜3片。将桑叶、生姜用沸水冲泡后代茶饮。

功效 / 疏风散热。适于风热感冒、咳嗽、头痛、咽痛者饮用。

246 如何冲泡桑叶菊花茶

桑叶5克，菊花5朵，枇杷叶5克。将桑叶、菊花、枇杷叶用沸水冲泡5分钟左右即可饮用。

功效 / 清热散风、解毒、化痰。

247 如何冲泡姜苏茶

生姜丝、紫苏叶各3克，将生姜丝、苏叶用沸水冲泡5分钟左右饮用。

功效 / 有疏风散寒、理气和胃之功，适用于风寒感冒、头痛发热，或有恶心、呕吐、胃痛腹胀等肠胃不适型感冒。

248 如何冲泡紫苏生姜红枣茶

紫苏叶5克，生姜5克，红枣3颗，红糖适量。将红枣去核，与紫苏叶、生姜洗净后同红糖一起放入杯中。冲入适量沸水，加盖焖泡10分钟后即可饮用。

功效 / 除风邪寒热，补益气血，健脾暖胃。头痛发热、风寒感冒者适宜饮用，气虚、阴虚及温病患者不宜饮用。

249 如何冲泡党参紫苏茶

党参3克，紫苏叶4克。将党参、紫苏叶一同放入杯中用沸水泡2、3分钟后取汁饮用。

功效 / 益气解表，适用于气虚感冒。

250 如何冲泡紫苏红糖茶

紫苏叶10克，红糖适量。将紫苏叶用沸水冲泡，15分钟后加入红糖，搅拌均匀，即可饮用。

功效 / 缓解鼻塞流涕，发散风寒。

251 如何制作桑叶薄荷茶

桑叶10克，薄荷5克。将桑叶放入砂锅中加500毫升水煎煮约10分钟，再放入薄荷煎约1分钟即可。取汁代茶饮用。

功效 / 疏散风热，清肺止咳。

252 如何冲泡桑菊茶

桑叶、菊花各5克，甘草1克，龙井茶3克。每日泡茶饮用。

功效 / 祛风清热、疏表利咽。适用于风热感冒，咽痛、头痛，目赤肿痛等。

253 如何制作杏仁茶

杏仁3克，黑芝麻5克，冰糖适量。将黑芝麻放入炒锅中炒熟，将杏仁捣烂成泥状。将黑芝麻与杏仁加入冰糖和少量水，放入蒸锅中蒸半小时。冷却后，加入适量的温水冲调饮。

功效 / 润肺止咳。适合外感咳嗽、伤燥咳嗽者服用。

紫苏红糖茶

桑叶薄荷茶

杏仁茶

254 如何冲泡板蓝根金银花茶

板蓝根、大青叶各50克，野菊花、金银花各30克。同放入杯中，用沸水冲泡，5分钟后代茶频服。

功效 / 对预防感冒、流行性脑炎及流行性呼吸道感染有较好的效果。

255 如何冲泡板蓝根绿茶

板蓝根5克，绿茶3克。将板蓝根、绿茶一同用沸水冲泡，5分钟左右即可饮用。

板蓝根绿茶

功效 / 清热解毒，抗菌、抗病毒。适于风热感冒（包括"流感"）者，可预防流行性乙型脑炎、流行性腮腺炎、急慢性肝炎等。体虚、无实火热毒者忌服。

256 如何冲泡玄参柑橘茶

玄参、麦冬、柑橘筋各3克，甘草1克，红糖适量，加水适量，煎10分钟后加红糖，代茶饮用。

功效 / 可清热润肺、止咳。适用于阴虚感冒，干咳、痰少、气短、口干咽燥、舌红少苔等症。

257 如何冲泡川芎茶

川芎3克，绿茶6克。将川芎研为细末，与绿茶和匀放入茶杯中，加入开水泡5分钟即可。

功效 / 行气和血、疏风止痛。此茶能缓解外感头痛。适用于肢体酸痛、偏头痛患者。阴虚火旺及气血虚弱者禁用。

258 如何冲泡桂花橘皮茶

干桂花3克，橘皮10克。将桂花、橘皮一同放入杯中，冲入沸水，温浸10分钟，代茶饮用。每日1次。

功效／燥湿化痰、理气散瘀。用于调理痰湿咳嗽。

259 如何制作枇杷叶茶

枇杷叶5～7克，冰糖适量。将枇杷叶用纱布包好，冰糖捣碎，一同放入杯中，冲入沸水、晾温，代茶饮用。或将鲜枇杷叶（10克左右）背面的绒毛刷净，再与冰糖一同放入杯中，沸水冲泡，代茶饮用。每日1次。

功效／清肺和胃、化痰降气。用于调理痰热咳嗽。

260 如何制作姜桂茯苓茶

干姜、桂枝各5克，茯苓15克，红糖适量。将干姜、桂枝、茯苓共制为粗末，与红糖一同放入杯中，冲入沸水，温凉后代茶饮用。每日2次。

功效／散寒，利水化痰，用于调理阳虚咳嗽。

261 如何冲泡天冬冰糖茶

天冬10克，冰糖5克。将天冬切碎，冰糖捣碎，一同放入杯内，以沸水冲泡，代茶饮用。每日一剂。

功效／养阴清热，润燥生津。用于调理阴虚咳嗽。

262 如何制作银耳茶

银耳20克，茶叶5克，冰糖20克。先将银耳洗净加水与冰糖（勿用白糖）炖熟，再将茶叶泡5分钟后取汁和入银耳汤，搅拌均匀服用。

功效 / 滋阴、降火、润肺止咳、化痰。适用于阴虚咳嗽。

263 如何冲泡橘皮茶

茶叶、干橘皮各2克。以上2味用沸水冲泡10分钟即可。每日1次，冲泡2次，于饭后温饮。

功效 / 可止咳化痰，理气和胃。

264 如何制作百合冬花饮

百合30～60克，款冬花10～15克，冰糖适量。将二者同放砂锅中，加水浸泡半小时后，先大火后小火煎煮两次，每次20分钟。两汁合并后加入冰糖。

功效 / 润肺止咳、清咽止痛。肺虚久嗽、肺寒痰多、秋冬咳嗽、咽喉干痛、略见有痰者适合饮用。

265 如何冲泡杏仁甘草茶

杏仁3克，黑芝麻10克，甘草2克，冰糖适量。将上述所有材料一起放入杯中，冲入开水，加盖焖泡约8分钟，即可饮用。

功效 / 止咳平喘、宣肺化痰，补肺气，清热解毒。适合肺热干咳者饮用，尤其适用于夜咳不止。腹泻者、慢性肠炎患者不宜饮用。

肝肾调理茶饮

266 如何冲泡枸杞决明子茶

枸杞6克，决明子10克。将枸杞和决明子放入杯中冲入沸水，焖约10分钟即可代茶频饮。

功效／清热明目、补肝益肾。

枸杞决明子茶

267 如何冲泡银花百合枸杞茶

金银花5克，枸杞5粒，百合5克，冰糖适量。将所有茶材用清水冲洗后与冰糖一起放入杯中。冲入适量沸水加盖焖泡5分钟左右，待水稍温后即可饮用。

功效 / 宣散风热，补肝益肾，清心除烦，宁心安神。内热及肝热目赤者适宜饮用，脾胃虚寒、外邪实热泄泻者不宜饮用。

268 如何冲泡枸杞生地茶

枸杞5克，生地3克，绿茶3克，冰糖适量。将枸杞、生地、绿茶用沸水冲泡后即可饮用。

功效 / 滋肝补肾、养阴清热。适合肝肾阴虚所致的腰酸痛、口渴烦热、盗汗、潮热。

269 如何冲泡枸杞绿茶

枸杞6克，绿茶3克。先将绿茶用沸水冲泡，再用茶水泡枸杞即可。也可将枸杞与绿茶一起冲泡饮用。

功效 / 养肝、明目。

枸杞绿茶

270 如何制作桑葚绿茶

桑葚30克，绿茶3克，冰糖适量。先将桑葚用砂锅煎煮，取汤汁。用汤汁冲泡绿茶，加入适量的冰糖搅拌均匀，即可饮用。

功效 / 补益肝肾。

桑葚绿茶

271 如何冲泡覆盆子绿茶

覆盆子5克，绿茶3克。将覆盆子、绿茶用沸水直接冲泡饮用。

功效 / 益肝肾、补肝、明目。

272 如何冲泡覆盆子茶

覆盆子5克，蜂蜜适量。将覆盆子绞碎、用开水冲泡。晾至温热后加入适量的蜂蜜，搅拌均匀，即可饮用。

功效 / 益肝肾，润肌肤。

覆盆子绿茶

273 如何冲泡首乌茶

制何首乌10克，将制何首乌加500毫升水煎开后煮15～20分钟，过滤后即可饮用。

功效 / 补肝益肾、增强体质。

274 如何冲泡五味子杜仲茶

五味子3克，杜仲10克。将五味子、杜仲放入茶杯中，用沸水冲入浸泡，焖泡10分钟后即可饮用。

功效／补肝益肾，滋肾涩精，强健筋骨。

275 如何冲泡白芍首乌茶

白芍3克，制何首乌5克，绿茶3克。将白芍、制何首乌放入砂锅用500毫升水煎煮20分钟左右。再用汤汁冲泡绿茶，即可饮用。

功效／益肝肾，养心血。

276 如何冲泡枸杞白芍茶

枸杞5克，白芍3克，绿茶3克，冰糖适量。将枸杞、白芍、绿茶用沸水冲泡后加冰糖，即可饮用。

功效／养血柔肝。

五味子杜仲茶 白芍首乌茶

菟丝枸杞茶

277 如何冲泡菟丝枸杞茶

枸杞5克，菟丝子5克，红糖少量。将菟丝子洗净捣碎，加入枸杞，冲入沸水焖泡10分钟，代茶饮用，饮前调入红糖。

功效 / 补肾固精、养肝明目。

278 如何冲泡菟丝茶

菟丝子10克，红糖适量。将菟丝子洗净捣碎，加入适量红糖，用沸水冲泡即可饮用。

功效 / 养肝明目。

279 如何冲泡菊花枣茶

菊花5朵，红枣3、4个。将菊花、红枣分别放入杯中。冲入开水，3～5分钟后即可饮用。

功效 / 清肝火，明目。

280 如何冲泡菊花枸杞茶

菊花5朵，枸杞3～5克。将菊花、枸杞放入杯中。冲入开水，3～5分钟后即可饮用。

功效／清肝，明目。

281 如何冲泡桑叶菊花茶

桑叶5克，菊花5朵。将桑叶、菊花用沸水冲泡5分钟左右即可饮用。

功效／清肝明目。

282 如何制作黑芝麻茶

黑芝麻5克，茶叶3克，冰糖适量。黑芝麻放入锅中炒香。将炒好的黑芝麻与绿茶一起放入杯中，以沸水冲泡，加入冰糖调匀即可饮用，芝麻细嚼。

功效／补益肝肾。

菊花枸杞茶　　　　　　桑叶菊花茶　　　　　　黑芝麻茶

肠胃调理茶饮

283 如何冲泡山楂冰糖茶

山楂干10克，冰糖适量。将山楂放入杯中，用沸水直接冲泡，随自己口味加入冰糖即可。

功效／消食、降血脂和减肥。

山楂冰糖茶

284 如何冲泡肉桂茶

肉桂3克，红茶4克，蜂蜜20克。将肉桂放入砂锅，加入500毫升左右清水煎煮约20分钟。加入茶叶同煮2分钟后离火，稍凉，调入蜂蜜即可饮用。

功效 / 暖胃、驱寒。

285 如何冲泡麦芽茶

麦芽10克，将麦芽炒焦黄，用沸水冲泡10分钟，即可饮用。

功效 / 健脾消滞。

286 如何冲泡麦芽山楂茶

麦芽10克，山楂10克，冰糖适量。将麦芽、山楂用沸水冲泡，然后加入适量冰糖，搅拌均匀，即可饮用。

功效 / 开胃健脾、和中下气、消食除胀。

肉桂茶

麦芽山楂茶

人参茯苓茶　　　　　　　　人参山楂茶　　　　　　　　陈皮绿茶

287 如何制作人参茯苓茶

人参3克，茯苓9克，生姜3片。先将人参切片，与茯苓、生姜一同放入砂锅中，加水煎煮。去渣，代茶饮用。

功效／益气健脾，利湿开胃。

288 如何冲泡人参山楂茶

人参3克，山楂3克，茯苓3克，陈皮2克，甘草2克，白糖适量。各种材料洗净放入砂锅内，加适量清水，先大火烧沸，再用文火煮20分钟左右。加入白糖调匀即可代茶饮用，也可去渣分饮。

功效／补脾健中，益气止泻。

289 如何冲泡陈皮绿茶

陈皮3克，绿茶2克。将陈皮和绿茶一起冲泡即可。每日午饭后慢饮。

功效／健脾开胃、祛痰止咳。

290 如何制作莲子茶

莲子15克，绿茶3克，将莲子用砂锅煮15分钟，用汤汁冲泡绿茶，5分钟后即可饮用。

功效 / 健脾利湿、止泻。

291 如何冲泡茴香茶

小茴香3克，玫瑰2克，柠檬草3克。将玫瑰花、小茴香、柠檬草用沸水冲泡3分钟左右，即可饮用。

功效 / 健胃行气、暖胃驱寒。

292 如何冲泡玫瑰花茶

玫瑰花5朵，洛神花3朵，冰糖适量。将玫瑰花、洛神花放入杯中，放入冰糖，冲入开水，2、3分钟后即可饮用。

功效 / 开胃、助消化。

莲子茶

茴香茶

玫瑰花茶

293 如何冲泡茉莉花茶

茉莉花3克，菊花2朵，金银花2克，陈皮2克，山楂2克，冰糖适量。将茉莉花、菊花、金银花、陈皮、山楂、冰糖放入杯中。冲入开水，3～5分钟后即可饮用。

功效 / 清火开胃。

294 如何冲泡桂花杏仁茶

桂花4克，杏仁粉7克。将桂花用沸水煮2分钟，杏仁粉用温水调匀。用沸腾的桂花汤调匀杏仁粉至透明即可饮用。

功效 / 润肺、和胃。

295 如何冲泡洛神果茶

玫瑰花3朵，洛神花2朵，苹果片1片。洛神花和玫瑰花用沸水泡3分钟左右，放入切好的苹果片，即可饮用。

功效 / 消食，增强食欲。

茉莉花茶　　　　　　桂花杏仁茶　　　　　　洛神果茶

296 如何冲泡马鞭草茶

马鞭草3克，金盏花2克。将马鞭草、金盏花用沸水冲泡3分钟左右即可饮用。

功效 / 清肠胃、排毒、缓解便秘。

297 如何冲泡马郁兰茶

马郁兰5克，薄荷叶2克，香蜂草2克。将马郁兰、薄荷叶、香蜂草用沸水冲泡3分钟左右，过滤，即可饮用。

功效 / 帮助消化，促进食欲。

298 如何冲泡桂圆花生饮

桂圆3颗，带衣花生10克，大枣2颗。大枣去核，与花生仁、桂圆加水同煮软后即可饮用并食用。

功效 / 健脾补心，养血。

马鞭草茶

马郁兰茶

桂圆花生饮

299 如何制作姜夏茶

生姜10克，半夏7克，红糖适量。将生姜洗净，榨取汁液。将半夏水煎5~8分钟，取其汤汁与姜汁和匀，加入红糖，代茶饮之。1日3、4次。连用3~5天。

功效 / 止呕，燥湿化痰，降逆止呕。

300 如何冲泡橘皮枣茶

橘皮10克，红枣10枚。将橘皮切丝，红枣炒焦，二者同放杯内，沸水冲泡后焖10分钟，代茶频饮。

功效 / 理气和中。主治消化性溃疡，胃脘痛。胃有实热、舌赤少津者慎用。

301 如何冲泡二绿茶

绿萼梅、绿茶各6克。将准备好的绿萼梅和绿茶稍微冲洗一下，然后用沸水冲泡5分钟左右即可。不拘时温服，每日1剂。

功效 / 疏肝理气，和胃止痛。适用于肝胃不和、脘腹胀痛、呕恶等。

302 如何冲泡山楂乌梅蜜茶

乌梅3个，山楂3片，冰糖适量。乌梅、山楂洗净后与冰糖一起放入杯中。冲入适量沸水，盖上盖子焖泡5分钟后即可饮用。

功效 / 生津止渴，增进食欲，开胃消食，化滞消积。适宜在夏季饮用。

303 如何制作草莓绿茶

草莓5个，绿茶3克。将鲜草莓清洗干净，碾碎备用。将草莓与绿茶一起放入杯中，放入适量沸水，焖泡5分钟左右即可饮用。

功效 / 帮助消化，固齿，润喉。夏季咽喉肿痛、声音嘶哑、积食胀痛、胃口不佳者适宜饮用。

304 如何冲泡玳玳花茶

玳玳花3克。将玳玳花冲洗一下，放入杯中，冲入适量沸水，焖至5分钟便可饮用。

功效 / 镇静强心，散积消痞，舒肝和胃。秋季因干燥、心火繁盛而致溃疡、口干舌燥者宜饮。

305 如何制作玫瑰花生奶茶

玫瑰花5朵，花生15克，牛奶1杯。牛奶加热煮沸后放入杯中。将玫瑰花与花生洗净后放入杯中捣碎，与牛奶调匀后即可饮用。

功效 / 养胃，醒脾和胃，润肺化痰，清咽止咳。工作压力大者适宜饮用，孕妇不宜饮用。

306 如何冲泡桂花蜂蜜茶

桂花10克，蜂蜜适量。将桂花冲洗干净后放入杯中。冲入沸水焖泡，待水稍温后调入蜂蜜即可饮用。

功效 / 散寒破结，健脾暖胃，活血化瘀。适和食欲不振、痔疮、痢疾、经闭腹痛者饮用。

307 如何冲泡金银花乌梅茶

金银花15克，乌梅2枚，白糖适量。将乌梅、金银花一起放入杯中，冲入开水，加盖焖泡约10分钟后，调入白糖后饮用。

功效 / 抑制肠道细菌。肠炎、痢疾者适宜饮用。胃酸过多者不宜饮用。

308 如何冲泡玫香薄荷茶

茴香、玫瑰花、薄荷各3克，洛神花4克。将上述所有花草等材料放入杯中，用适量开水冲泡，焖约5分钟后即可饮用。

功效 / 健胃、行气、理气解郁、清热。适用于实热便秘者。孕妇及阴虚血燥、肝阳偏亢，表虚汗多者慎用。

309 如何制作党参红枣茶

党参20克，红枣10枚，绿茶3克。将党参、红枣、红茶一起放入锅中，倒入适量清水，大火烧沸后，小火煎煮约20分钟，滤取汤汁饮用。

功效 / 补气，健脾益胃。适合脾胃虚弱导致腹泻、食少、四肢无力、大便稀溏者饮用。

三高调理茶饮

310 如何冲泡决明子绿茶

决明子、绿茶各5克。将决明子用小火炒至香气溢出时取出，候凉。将炒好的决明子、绿茶同放杯中，冲入沸水，浸泡3~5分钟后即可饮服。随饮随续水，直到味淡为止。

功效 / 此茶清凉润喉，口感适宜，具有清热平肝、降脂降压、润肠通便、明目益睛之功效。

311 如何冲泡杞菊决明子茶

枸杞10克，菊花3克，决明子10克。将枸杞、菊花、决明子同时放入较大的有盖杯中，用沸水冲泡，加盖，焖15分钟后可开始饮用。当茶，频频饮用，一般可冲泡3~5次。

功效 / 清肝泻火，养阴明目，降压降脂。适用于肝火阳亢型脑卒中后遗症。枸杞一般不宜和温热的补品如桂圆、红参、大枣等共同食用。

312 如何制作决明子茶

炒决明子10～15克，蜂蜜20～30克。决明子捣碎，加水300～400毫升煎煮10分钟，冲入蜂蜜搅匀服用。早晚两次。

功效 / 润肠通便。适合前列腺增生兼习惯性便秘者。也适用于高血压、高血脂。

313 如何冲泡绞股蓝苦瓜茶

绞股蓝5克，干苦瓜2片，枸杞子2克。将绞股蓝、干苦瓜、枸杞子用沸水冲泡3分钟左右即可饮用。

功效 / 调节血脂。

314 如何制作桃仁山楂茶

桃仁6克，山楂10克，红花6克，丹参10克，糖适量。桃仁、山楂、红花、丹参放入砂锅中加水500毫升炖煮15分钟。过滤后加入白糖，即可饮用。

功效 / 降血压。

绞股蓝苦瓜茶

315 如何冲泡丝瓜茶

丝瓜200克，绿茶5克。绿茶泡好，丝瓜去皮切片，加盐煮熟，再趁热加上绿茶汁拌匀即可。每日一剂，分两次服用。

功效 / 清热，解毒，凉血，止血，祛痰，止咳。适用于糖尿病，尿血，肺热咳嗽。

316 如何冲泡粗茶汤

粗茶10克。粗茶用冷开水浸泡5小时即成。每日1剂，分3次服饮，坚持服用40天以上。

功效 / 收敛，利尿，生津，止渴。适用于糖尿病。

317 如何冲泡降糖茶

枸杞10克，怀山药9克，天花粉9克。将怀山药、天花粉研碎，连同枸杞一起放入陶瓷器皿中，加水用文火煎煮10分钟左右，代茶连续温饮。

功效 / 滋补肝肾、益气生津，降低血糖。适合糖尿病、肝肾功能欠佳等慢性病患者服用。

318 如何冲泡山楂决明子茶

山楂15克、荷叶15克、决明子10克。三者共同冲泡，3分钟后饮用。

功效 / 降低血糖。适用于糖尿病。

养颜瘦身茶饮

319 如何冲泡薰衣草柠檬茶

薰衣草3克、柠檬片半片。将薰衣草、柠檬片一起放入茶杯中，加入沸水焖5～10分钟即可。

功效 / 缓解压力，消除疲劳，利尿，促进消化，缓解头痛，美白护肤。适合头痛、失眠、压力过大者饮用。孕妇不宜饮用。

320 如何冲泡菊普茶

普洱茶3、4克、菊花若干朵。菊花、普洱茶用开水浸泡10分钟，滤出茶汁即可饮用。

功效 / 散风热，平肝明目，消脂，促进肠胃蠕动。适合因风热感冒、头昏目眩，目赤肿痛者及便秘者饮用。

321 如何制作山楂茶

把山楂洗净后，去掉核，然后放入锅中加入适量的清水煎煮，再去掉山楂的渣子，取汁液饮用。

功效 / 去脂，增进肠胃功能，促进身体排出毒素。适合喜欢吃肉、肥胖者饮用。

322 如何冲泡养颜花草茶

玫瑰花几朵，百合5克，苹果花几朵，用沸水冲泡即可饮用。

功效 / 活血养颜，润肺美肤，调节女性内分泌。

323 如何冲泡养颜花草茶

玫瑰花、洋甘菊各3朵，山楂5克，用沸水冲泡，10分钟后饮用。

功效 / 理气养肝、消除疲劳、活血养颜。适合夏天饮用。

324 如何冲泡祛痘排毒花草茶

玫瑰4朵、洛神花（玫瑰茄）1个以及金盏菊2朵，沸水冲泡，3分钟即可饮用而成的。可以加点蜂蜜。

功效 / 调理和血，还能疏肝解郁，以及润肤养颜。

325 如何冲泡白芷茶

白芷3克，菊花3朵，金银花3克，茉莉花3朵，冰糖适量。白芷和菊花、金银花、茉莉花冲入沸水，焖5分钟，加入冰糖饮用。

功效 / 清热解毒、祛除青春痘。

326 如何冲泡大枣菊花茶

把大红枣2、3个去核后撕碎，与菊花一起放入杯中，加入热水冲泡，也可以根据自己的口味适当加一些冰糖调匀饮用。

功效 / 清热解毒、补血，让脸色红润光泽，适合夏天饮用。

327 如何冲泡茉莉花菩提叶茶

茉莉花3克，菩提叶2克，冰糖适量。将茉莉花与菩提叶冲洗一下，一起放入茶杯中。加沸水焖泡5分钟后，调入冰糖，拌匀后即可饮用。

功效 / 安抚情绪，缓解痛经，美肤。适合精神紧张、经常熬夜者饮用。孕妇不宜饮用。

328 如何冲泡茉莉玫瑰菩提茶

菩提叶2克，玫瑰花3朵，茉莉花2朵。先将菩提叶、玫瑰花、茉莉花一起放入茶杯中。倒入适量沸水，盖上盖子焖泡5分钟左右即可饮用。

功效 / 调理气血，缓解皮肤干燥，促进新陈代谢，纤体瘦身。适合春季容易昏睡并伴有焦虑症状者饮用。孕妇不宜饮用。

329 如何冲泡茉莉玫瑰祛斑茶

茉莉花5克，玫瑰花4朵，柠檬1片。将上述所有花草材料一起放入杯中，冲入开水，加盖焖泡约5分钟，即可饮用。

功效 / 调理多种皮肤炎症，美白祛斑。适合色斑并伴有皮肤炎症者。体质偏热者不宜饮用。

330 如何冲泡桃花百合柠檬茶

桃花3朵，百合花5克，柠檬1片。将上述所有花草材料一起放入杯中，冲入开水，加盖泡约5分钟后饮用。

功效 / 改善血液循环，防止黑色素沉着，安神，有助于延缓皮肤衰老。适用于皮肤暗沉、松弛者。孕妇不宜饮用。

331 如何冲泡勿忘我玫瑰茶

勿忘我5克，玫瑰花5朵，蜂蜜适量。将勿忘我、玫瑰花一起放入杯中倒入开水，加盖焖泡3～5分钟，凉至温热调入蜂蜜后饮用。

功效／缓解内分泌失调，预防粉刺，对皮肤粗糙、雀斑等有调节作用。适宜有粉刺、雀斑者饮用。体质燥热的人不宜饮用。

332 如何制作绿豆菊花茶

菊花10朵，柠檬片1片，绿豆沙20克，蜂蜜适量。将菊花放入锅中，倒入适量水煮沸，然后把柠檬榨汁，与绿豆沙一同放入菊花水中搅拌，待温后调入蜂蜜即可。

功效／改善皮肤毛孔粗大状况，抑制青春痘。体质虚寒的女性不宜饮用。

333 如何制作红枣莲子汤

红枣6克，莲子10克，冰糖适量。先将莲子泡涨后剥去外皮及心，置于砂锅中加500毫升水煮沸。再将红枣与适量的冰糖一同放入，文火煮15～20分钟盛出，即可代茶饮用。

功效／补血、安神、养颜。

红枣莲子汤

黄芪茶

334 如何冲泡黄芪茶

黄芪9克，红枣2颗，花生3克。将黄芪、红枣、花生一同放入杯中，用沸水焖泡5分钟左右即可饮用。

功效 / 补气血，美体。

335 如何冲泡紫罗兰花茶

紫罗兰5克，玫瑰花3~5朵。将紫罗兰和玫瑰花放入杯中。冲入开水，3~5分钟后即可饮用。

功效 / 滋润皮肤、美容养颜。

336 如何冲泡玫瑰花茶

玫瑰花5朵，柠檬片1、2片。将柠檬片放入杯中备用。将5朵玫瑰花放入杯中，冲入开水。2、3分钟后即可饮用。

功效 / 活血理气、养颜美容。

紫罗兰花茶

玫瑰花茶

337 如何冲泡桂花甘菊茶

桂花5克，洋甘菊3朵，冰糖适量。将桂花和洋甘菊一起用沸水冲泡3分钟左右，加入适量冰糖饮用。

功效 / 润泽肌肤，清除体内毒素。

338 如何冲泡玫瑰勿忘我茶

勿忘我花5克，玫瑰花5朵，用沸水冲泡3分钟左右即可。

功效 / 促进新陈代谢，美容养颜。

泡桂花甘菊茶

339 如何冲泡甜菊迷迭香茶

甜菊叶3克，迷迭香5克。将甜菊叶、迷迭香用沸水泡3分钟左右即可饮用。

功效 / 改善肤色晦暗状况，增加活力。

340 如何冲泡迷迭玫瑰茶

迷迭香3克，玫瑰花3朵，蜂蜜适量。将迷迭香和玫瑰花用沸水冲泡3分钟左右，降温后加入蜂蜜即可饮用。

功效 / 养颜、安神。

玫瑰勿忘我茶

341 如何冲泡桃花蜜枣茶

桃花5克，蜜枣3颗。将桃花、蜜枣用沸水冲泡3分钟左右即可饮用。

功效 / 缓解便秘症状，促进排毒，美颜润肤。

桃花蜜茶

桃花蜜枣茶

342 如何冲泡桃花蜜茶

桃花5克，蜂蜜适量。将桃花用沸水冲泡5分钟左右，待凉依个人口味加入蜂蜜，搅拌均匀即可饮用。

功效 / 可使容颜红润，活血、排毒。

343 如何冲泡红花玫瑰红茶

红花5克，玫瑰3朵，红茶5克。将红花、玫瑰、红茶一起用沸水冲泡5分钟左右即可饮用。

功效 / 养颜、美容。

344 如何制作松子茶

松子3克，花生3克，核桃3克，栗子3克，糖适量。将松子、花生、核桃、栗子磨粉。饮用时用开水调匀成糊，并依个人喜好加入糖调味。

功效 / 延缓皮肤衰老，养颜。

345 如何制作绿豆花果茶

绿豆沙20克，菊花3克，柠檬1片，蜂蜜适量。将菊花、柠檬用沸水泡开。将绿豆沙加入茶中，搅拌均匀。晾至温后加入适量的蜂蜜即可饮用。

功效 / 排毒养颜、改善肌肤光泽、去痘。

346 如何冲泡金银花山菊茶

金银花6克，山楂3克，贡菊5朵。将上述材料一起放人杯中，冲入开水，加盖焖泡约5分钟，即可饮用。

功效 / 消积化食，促进脂肪代谢、去脂。适宜内热较盛的肥胖者饮用，体质偏寒、易腹泻者不宜饮用。

347 如何制作红莲荷叶茶

红莲荷叶10克、甜菊叶3克、陈皮5克，决明子10克。把所有材料放在清水中浸泡15分钟，然后洗净放进锅中，加入适量的清水，煲30分钟左右，去渣即可饮用。

功效 / 加强脂肪的代谢，帮助肠胃畅通，促进排毒。

花玫瑰红茶

松子茶

348 如何冲泡决明子荷叶茶

决明子10克，乌龙茶3克，荷叶3克。决明子放入锅中炒干，荷叶切成细丝。将乌龙茶与上述两种材料放入杯中，冲入沸水，焖约10分钟即可饮用。

功效／消脂、减肥。

349 如何冲泡荷叶茶

荷叶3克，决明子2克，陈皮2克。将荷叶、决明子、陈皮用沸水冲泡3分钟左右即可饮用。

功效／分解脂肪、通便、利尿。

350 如何制作荷叶减肥茶

干荷叶500克，生山楂150克，生米仁150克，乌龙茶45克，陈皮75克。以上五味一起研制成细末，拌匀，装入瓷罐内封贮。每日一次，每次取药末60克，放入热水瓶或大茶杯中，用沸水冲泡10分钟即可。

功效／清暑，健脾，利湿，生津止渴，开胃消食，理气和胃，消脂，减肥轻身。

泡决明子荷叶茶

荷叶茶

351 如何制作乌龙减肥茶

乌龙茶3克，槐角18克，制何首乌30克，冬瓜皮18克，山楂肉15克。先将槐角、制何首乌、冬瓜皮、山楂肉等4味加水煎沸20分钟，取药汁冲泡乌龙茶即成。

功效／降脂、养血、养颜、消脂减肥之功效。

352 如何制作六月雪美颜减肥茶

六月雪、甘草、乌梅各3克，枸杞10粒、菊花5克。将所有材料放进水里煮20分钟即可。

功效／理气、祛风利湿，清热解毒，美肤。

353 如何冲泡减肥花草茶

马鞭草、柠檬草、迷迭香各2克，用沸水冲泡即成。

功效／降脂、利尿、净化肠道，有助于消化去胀气，瘦身，适合上班久坐者饮用。

354 如何冲泡陈皮熟普洱茶

普洱茶3~6克，茶与陈皮的比例为5∶1至3∶1，沸水冲泡饮。

功效／生津止渴，利尿通便，消脂排毒。适合于长期抽烟、长期使用电脑者，体质偏寒者及老人、心脑血管病患者、高血压患者、肥胖者。应避免空腹饮用。

355 如何冲泡陈皮生普洱茶

生普洱茶10克，陈皮2克，加几粒枸杞，用沸水冲泡后饮用。

功效 / 清火，消脂、排毒。体质偏寒者慎饮。

356 如何制作首乌绿茶

制何首乌10克，绿茶3克，泽泻3克，丹参3克。制何首乌、绿茶、泽泻、丹参加水500毫升，煎开煮10～15分钟，即可饮用。

功效 / 清热解毒、降脂减肥。

357 如何冲泡菊普茶

菊花5朵，熟普洱茶3克。将普洱茶、菊花放入杯中。冲入开水，迅速将水倒出。再冲入沸水，3～5分钟后即可饮用。可加入适量冰糖，口感更香甜。

功效 / 清热、减肥。

首乌绿茶

菊普茶

女性调理茶饮

358 如何制作二花调经茶

玫瑰花9克，月季花9克，红茶3克。将三者制成粗末，沸水冲泡饮用。每日1剂，经期不拘时温服。

功效 / 可活血调经、理气止痛。

359 如何冲泡月季花茶

干月季花朵10克，红茶2克。沸水冲泡10分钟，徐徐温饮。

功效 / 可理气消肿、活血调经之功用。脾胃虚弱者慎用，孕妇忌服。

360 如何冲泡黄芩茶

黄芩（用酒炒）、白术各12克，茶叶6克。三味加水适量，煎沸15～25分钟，取汁即成。每日1剂，不拘时代茶饮。

功效 / 健脾安胎、清热止痛。孕妇头痛可用。

361 如何冲泡红枣玫瑰花茶

玫瑰花5朵，红枣2枚，冰糖适量。将玫瑰花与红枣洗净后与冰糖一起放入杯中。冲入适量80℃水，盖上盖子焖泡5分钟后即可饮用。

功效／补血益气，活血化瘀。适宜经期烦躁焦虑、睡眠不佳者饮用，胃寒腹泻者不宜饮用。

362 如何冲泡花生衣红枣茶

花生衣5克，红枣2枚，红糖适量。红枣去核，洗净后与花生衣、红糖一起放入杯中。冲入沸水焖泡10分钟后即可饮用。

功效／补气养血，补益脾胃。适宜痛经、尿频者饮用，阴虚内热及实热症患者不宜饮用。

363 如何冲泡桂圆甜菊生姜茶

桂圆肉5粒，生姜1片，甜菊叶1片。将桂圆肉、生姜、甜菊叶冲洗一下，一起放入杯中。冲入适量沸水，盖上盖子焖泡10分钟后即可饮用。

功效／补气养血，养阴生津，加速血液循环。适宜经常手脚冰凉者饮用。

364 如何冲泡党参茶

党参5克，红茶2克。将党参、红茶一同放入杯中，用沸水冲泡，5分钟左右即可饮用。

功效／益气补血。

党参茶

365 如何冲泡白芷当归茶

白芷3克，当归5克，绿茶3克。将白芷、当归用沸水焖泡5分钟。用汤水冲泡绿茶，即可饮用。

功效 / 化湿解毒、活血养血。

366 如何制作白芍首乌茶

白芍3克，制何首乌5克。白芍、制何首乌放入砂锅，加水500毫升，煎煮20分钟左右，即可饮用。

功效 / 益肝肾，养心血。

367 如何冲泡白芍姜茶

白芍5克，生姜5克，红茶3克。将白芍、生姜用沸水焖泡。再用汤汁冲泡红茶，即可饮用。

功效 / 温经止痛。

白芷当归茶　　　　　　　　　　　白芍姜茶

368 如何冲泡白芍绿茶

白芍10克，绿茶3克，冰糖适量。将白芍、绿茶用沸水直接冲泡，加入适量冰糖搅拌均匀，即可饮用。

功效 / 养血柔肝、缓中止痛、调经。

369 如何冲泡益母草玫瑰茶

益母草2克，玫瑰花3朵，蜂蜜适量。将益母草、玫瑰花用沸水冲泡3分钟左右。茶汤降至温热后可依个人口味加入蜂蜜，搅拌均匀，即可饮用。

功效 / 活血养颜、调经。

白芍绿茶

益母草玫瑰茶

养心安神调理茶饮

370 如何冲泡枸杞百地茶

枸杞子6克，百合6克，生地黄10克。用砂锅将枸杞、百合、生地黄加水同煮，取汁代茶饮。

功效 / 养阴清热，补虚安神。

371 如何冲泡莲心绿茶

莲子心3克，绿茶1克。将莲子心与绿茶一起放入杯内，用沸水冲泡加盖焖泡5分钟左右即可饮用。

功效 / 清心安神、防暑降温。夏季便秘、烦躁多梦者适合饮用。

372 如何冲泡莲子茶

莲子3克，葡萄干10颗。将莲子和葡萄干用沸水冲泡，5分钟后即可饮用。

功效 / 益肾养心。

373 如何制作核桃莲子饮

莲子5克，核桃仁5克，芡实3克。将莲子、核桃、芡实加500毫升水煎煮15~20分钟，待温饮用。

功效 / 补肾、健骨。

374 如何冲泡五味子茶

五味子3克，用沸水冲泡后饮用。

功效 / 补肾固元，安神补心。

375 如何冲泡合欢花枸杞茶

合欢花、枸杞各适量。将合欢花、枸杞子分别洗净，然后放入杯中，加入开水冲泡，加盖焖泡10分钟，代茶饮用。

功效 / 滋补肝肾、纾解郁结、缓和紧张情绪，改善睡眠。适合肝气郁结、情绪紧张引起的失眠症患者饮用。

376 如何冲泡薰衣草紫罗兰茶

薰衣草、紫罗兰各3克，粉玫瑰花2朵，鲜柠檬1片。将粉玫瑰花、薰衣草、紫罗兰一起放入杯中，冲入开水，加盖焖泡约5分钟。将鲜柠檬挤出汁液滴入，再整片放入杯中饮用。

功效 / 消除疲劳、提神醒脑，放松身心、纾解抑郁，改善睡眠。适宜神经衰弱、紧张失眠、抑郁者饮用。

377 如何冲泡枣仁五味子茶

酸枣仁、五味子各6克，枸杞子9克。将上述所有花草材料一并放入茶杯中，冲入开水，盖上杯盖焖泡10分钟即可饮用。

功效 / 安神宁心、健脑益智、敛汗生津、柔肝明目。适宜病后心肾亏虚、健忘之人以及神经衰弱、失眠多梦者饮用。

378 如何冲泡桂圆参茶

桂圆肉10克，西洋参片3克，白糖适量。将桂圆肉去杂质洗净，与西洋参片放入杯内。冲入沸水，待温饮用。可加适量白糖。

功效 / 养心血、安心神。

379 如何冲泡西洋参茶

西洋参片3克。将西洋参片放入杯中冲入沸水，焖泡约10分钟即可饮用。

功效 / 增强抵抗力，补气安神。

西洋参茶

桂圆参茶

380 如何冲泡西洋参红枣茶

西洋参3克，红枣2颗，茶叶2克。将西洋参、红枣洗净，与茶叶放入杯中。冲入沸水焖泡几分钟即可饮用。

功效 / 补充气血不足，增强体力，恢复元气。

381 如何制作西洋参茶

黄芪9克，西洋参片3克，蜂蜜适量。砂锅中放入清水，把黄芪与西洋参片放入锅中煎开后小火煮10分钟。待温度降下来后，放入蜂蜜调匀即可饮用。

功效 / 补气安神。

382 如何制作黄芪山药茶

黄芪9克，山药3克，白糖适量。将黄芪、山药放入砂锅中加适量水煎煮，加入白糖，代茶饮。

功效 / 补中益气。

西洋参红枣茶　　　　　黄芪山药茶　　　　　西洋参黄芪茶

383 如何制作党参大枣茶

大枣6克，党参6克，甘草6克，白糖15克。将大枣、党参、甘草放砂锅里加500毫升水煎汤。加入白糖调匀饮用。

功效／宁神益智。

384 如何冲泡红枣红茶

红枣6克，红茶5克，红糖适量。将茶叶冲泡，取汤汁。将红枣煮成枣水。再将茶汤倒入枣水中，加入适量红糖，搅拌均匀，即可饮用。

功效／养血安神，适宜女性饮用。

385 如何制作红枣茶

红枣6克，桂圆15克，冰糖适量。将红枣、桂圆放入砂锅中煮20分钟左右。将茶汤倒入茶杯，加入适量冰糖，搅拌均匀，即可饮用。

功效／可安定心神、缓解脑疲劳，适合长期用脑过度者饮用。

党参大枣茶　　　　　　　桂圆枣茶　　　　　　　红枣红茶

386 如何冲泡陈皮花茶

陈皮3克，金盏花3克，菊花3朵。金盏花、菊花和陈皮一起用沸水冲泡，3分钟左右即可饮用。

功效 / 安定情绪，舒缓神经。

387 如何冲泡五味子绿茶

五味子3克，绿茶3克，蜂蜜适量。用沸水将五味子焖泡10分钟。用汤汁冲泡绿茶，略放凉加蜂蜜，即可饮用。

功效 / 缓解眼疲劳、预防视力减退。

388 如何冲泡五味子松子茶

五味子3克，松子3克，蜂蜜适量。用沸水冲泡五味子。略放凉加蜂蜜，加些松子即可饮用，松子细嚼吞咽。

功效 / 养心安神、益气、益智。

五味子绿茶

五味子松子茶

389 如何冲泡薰衣草茶

薰衣草3克，洋甘菊2朵，金盏花3朵。将薰衣草、洋甘菊、金盏花投入杯中。冲入开水，2、3分钟后，即可饮用。

功效 / 安抚情绪，缓解压力。

390 如何冲泡玫瑰茉莉花茶

茉莉花2克，玫瑰花3朵，薄荷2克。将茉莉花、玫瑰花、薄荷分别放入杯中。冲入开水，3～5分钟后即可饮用。

功效 / 缓解压力、调节情绪。

391 如何冲泡桂花玫瑰茶

桂花5克，玫瑰花5朵，冰糖适量。将桂花、玫瑰花一起用沸水冲泡3分钟左右，加入适量冰糖，搅拌均匀，即可饮用。

功效 / 消除疲劳，平衡神经系统。

薰衣草茶

玫瑰茉莉花茶

392 如何冲泡洋甘菊乳

洋甘菊3朵，牛奶250毫升。将牛奶煮沸后冲泡洋甘菊，5~8分钟后即可饮用。

功效 / 镇静安眠，缓解疲劳。

393 如何冲泡甜菊叶茶

甜菊叶2片，金盏花2克，陈皮3克。将甜菊叶、金盏花、陈皮用沸水冲泡3分钟左右即可饮用。

功效 / 安定情绪、清晨饮用可提神。

394 如何冲泡金盏花茶

紫罗兰3克，金盏花5朵。将紫罗兰、金盏花用沸水冲泡3分钟左右即可饮用。金盏花上的绒毛可能对某些人的咽喉产生刺激而发痒甚至呕吐，可用净纱布包裹后冲泡或煎煮。

功效 / 镇静安眠。

甜菊叶茶　　　　　　　　　　金盏花茶

395 如何冲泡百合花茶

百合花5克，冰糖适量。百合花用沸水冲泡，3分钟左右即可饮用。

功效 / 疏肝理气，安神。

396 如何冲泡迷迭香茶

迷迭香4克，洛神花4克，菊花3朵。将迷迭香、洛神花、菊花一起用沸水冲泡3分钟左右即可饮用。

功效 / 缓和情绪，疏解紧张。

397 如何冲泡菩提甘菊茶

菩提叶2克，洋甘菊2朵。将菩提和洋甘菊用沸水冲泡3分钟左右，即可饮用。

功效 / 消除疲劳、放松身心、帮助睡眠。

百合茶　　　　　　迷迭香茶　　　　　　菩提甘菊茶

398 如何冲泡菩提凉茶

菩提叶2克，薰衣草2克，薄荷2克，蜂蜜适量。将菩提、薰衣草、薄荷叶用沸水冲泡3分钟左右，降温后加入蜂蜜即可饮用。

功效 / 舒缓放松、镇定神经、消除疲劳。

399 如何冲泡马郁兰茶

马郁兰2克。将马郁兰用沸水冲泡5分钟左右，即可饮用。

功效 / 缓和紧张，松弛神经，缓解晕车。

400 如何冲泡酸枣仁白菊花茶

酸枣仁10克，杭白菊3克。取酸枣仁、白菊花放入茶杯中，用开水冲泡10分钟后代茶饮。

功效 / 解毒、清热，缓解眼睛疼痛，滋养心、肝。适用于电磁波辐射引起的头痛、心悸、失眠等。孕妇、血压偏低者慎用。